動物溝通師
Animal Whisperer
傳達靈魂深處的愛　你好不好

FOREWORD I 推薦序一

　　早在古埃及時代，已有養寵物的紀錄，在那時寵物是無上的守護神；而對於二十一世紀的我們，寵物已經成為人類生活不可或缺的家人之一。所謂「一寵十用」，便說明寵物已經不再只是寵物，而是我們人類最好的心靈伴侶。

　　作者書中的愛犬——小粉，因為在某一世跟作者是夫妻，小粉因感激之情，而促成今生今世的相遇。所以寵物和主人的緣分，大約有 80％來自前世今生，其中受前世的影響甚大，所以探索寵物的前世，便可掌握寵物的今生。

　　認識作者是源於兩年前來找我做靈性諮詢，每每談論人生問題時，她都處之淡然，但一聊到寵物話題時，便激動的侃侃而談，從她分享個案中飼主跟寵物每個動容的細節，或和離世寵物溝通時的真實故事，都清楚呈現她是對寵物充滿真心關懷與熱情的寵物溝通師。而透過書中真實案例分享，我們可以瞭解寵物如同我們的子女家人，是密不可分的命運共同體！

　　作者本身也不斷精進學習，後來運用先天易經進入到不同次元，精準的還原寵物的過去、現在與未來，更鉅細靡遺的描摹主人和寵物的前世今生。生由何來，死又何去，讓飼主能掌握毛小孩的身心靈狀態，調整牠的健康和情緒，並與牠一起進步成長

　　如果您正在猶豫是否領養毛小孩，可以藉由作者本身的經歷分享，在書中找尋到許多答案，讓自己能更快進入寵物世界的心身靈，讓我們的寵物昇華為人，更昇華為我們的守護神、護衛神。

未來學院首席顧問

彭耀文

FOREWORD II 推薦序二

　　作者是個外表看起來相當獨立新潮的人，在初次見面時我心中莫名的浮出了這個人可能很難相處的感覺，但不知道為何當越跟她相處，越是能去感受她細膩的心思，似乎在每一個當下她都可以看透你的想法，也許就是這樣的感覺吧！從作者的第一篇文章紀念「愛犬－小粉」中，我看到自己一開始對她的印象，以及後續的心境轉折。

　　從一個理智腦要轉變成感性腦的確很不容易，但這的確是我從見到作者的第一眼開始到後面慢慢的感受到作者展現出來的特殊地方！很開心有機會鼓勵她將生命中的體會寫下分享給更多的朋友，因為這些故事都可以深深地打動每個寵愛毛小孩的父母，在細讀每一篇文章後若發現自己不知道自家毛小孩怎麼了，我建議你可以多花點心思，找個可以信賴的溝通師來協助你瞭解你的毛小孩。

　　另外，在讀到貓家族的中心思想時，我能感受到許多主人會因為思念往生的寵物而做出了想要找尋牠們影子的動作，殊不知這樣對於之後來到的寶貝是個傷害牠們內心的行為。就如貓老大為了可以繼續受寵而做出的一切，對於理智的我們來說是愚笨的，但這不也是我們在生活中常做的嗎？所以別以為牠們不懂，其實牠們都一直小心翼翼地在跟我們相處，當我們一天到晚在喊著牠們好難懂時，也許真的不懂彼此的是我們自己吧？

寧靜森林心靈工作室／身心靈工作者

FOREWORD III 推薦序三

想和動物、礦石或靈魂溝通，先要讓自己「清空歸零」才能成為接收訊息的管道，用最純淨、最通透的心靈去感知宇宙萬物的頻率，將一切真相如實傳遞。而她天生就具備這些條件！

藍鷹是我大一同寢室的室友。第一眼見到她像座萬年冰山，高瘦的身材搭配面無表情的臉，讓人感到有些害怕。但沒多久，我便發現平常話不多的她，特別喜歡一個人默默在 A4 影印紙上書寫。由於我大學修的是中文系，她便經常拿來給我看她寫的文字並詢問我的意見，自此我們成了無話不談的知交。

由於靈魂本質過於敏感纖細，她容易習慣性地對人防備，而「小粉」的出現卻徹底改變了她靈魂的命運！她將對小粉的感謝與思念寄託於文字，把對動物滿滿的愛撰寫成冊，分享動物溝通時最溫暖動人的故事與對話。

透過從動物身上學到的所有愛與智慧，她希望將這種「無條件的愛」傳遞給每位讀者。從她的文字中，你能輕鬆地代入視角去看見動物眼中的世界，並在每段故事裡深刻體會動物最直接、最無私的愛，發掘動物那純真、逗趣且充滿智慧的一面，開始相信所有靈魂的相遇都是命中註定！

不論你相不相信動物溝通，都一定會被書中一個個充滿意義的故事與真實流露的情感給觸動，並開始願意用更尊重包容的心對待所有靈魂、所有生命。

茱麗葉的伊甸園／催眠療癒師

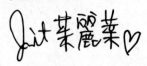

PREFACE 作者序

人類已經從漫長的唯物時代發展到進入精神時代，在這靈性崛起的時代，人類靈性意識逐漸的覺醒，動物也同步逐漸覺醒進化，甚至部分動物比人類提早進化覺醒，有引領飼主來到新時代地球的頻率，喚起飼主內在靈性的覺醒。

動物引領飼主，而我就是最好的例子，因我的愛犬——小粉離世，成為我通往靈性道路的途徑，從物質逐漸重視靈性，然而這兩者密不可分，而是一體運行，我們必須去整合「現實」與「靈性」生命才能完整。

這一路我發現動物的靈光有時更甚於人類，動物與飼主在前世今生是有淵源，這部分可以透過動物溝通查明。這曾經「與你有淵源的靈光」，種種因素造成無法以人的身分，來到你的身邊，而選擇主動降級身分，而找尋各種機緣投胎成動物，來守護飼主以及完成祂們的任務使命。動物的第三眼能看見各種維度空間重疊存在，能不受時空限制，完成內心想守護的事情，或是預知未來甚至不惜以犧牲生命的方式來守護飼主。

靈魂流轉於世間「為而愛生、為愛而行、為愛而歸」，無形的力量會牽引著雙方相遇，即便歷經好幾世輪迴，不論在過去、現在或是未來，也不論目前身在何處，彼此靈魂內在的記憶都存在著雙方美好的一切，不斷地感應著對方在哪裡？過得好不好？

藍鷹

現任　未來學院 台北 / 台中光域會館－動物溝通師 / 動物療癒師 / 人類靈療師

經歷　動物溝通教學 / 動物溝通 / 療癒師 / 靈魂溝通 / 療癒師

專長　動物溝通師 / 動物療癒師 / 動物溝通教學 / 靈魂溝通師 / 大墩陽光－兒童娛樂活動

Facebook

Instagram

CONTENT 目錄

　　本書一開始敘述我與流浪狗—小粉不期而遇的故事，讓我重新感受到愛與被愛。我曾經是一個有人群恐懼症的人，非必要我不喜歡與人接觸，在我的世界裡，我像個局外人一般，冷眼看待身旁所有的人事物，我時常懷疑自己、質疑生命的意義。因為找不到對生命的熱情，以及自我的價值，所以我時常睡醒一睜開眼，第一個念頭就是：我為什麼還活著？我到底是誰？

　　直到我遇到小粉，牠進入了我的世界，逐漸的改變了我。小粉彷彿能望穿我心中深邃的悲傷，牠的陪伴讓我可以重新感受到愛，另一方面厭世的念頭也隨著小粉的陪伴而消失，但我仍然對人會產生強烈的排斥感，但沒有言語，卻能療癒我心中的傷痕，還有一個生命陪伴著我，並且讓我深知我並不孤單。

　　命運之輪的轉動，小粉突然的驟逝，就像晴天霹靂般衝擊著我，或許小粉脫離牠的物質肉身後，可以自由的在時空裡翱翔不受限制。也許牠從未真正離開，只是牠的陪伴轉換成另一種形式。但生死這個課題，實在是殘酷的讓人無法喘息，心痛的無法言喻，到底為什麼要讓我經歷這椎心的痛？又在我往後的人生裡留下了什麼伏筆，進而改變我的生命軌跡？

　　一路上發現自己的「前世」是會深深影響「今世」的發展，因為前世今生的能量去交互流動，產生一股力量能喚起靈魂深處的自己，同時也能在靈魂深處遇見自己，將在動物溝通領域中發揮天賦，一切的醞釀正蓄勢待發中。

　　我這一路走來，從「情感麻木」到「感受生命」，積極地抓住能讓靈魂成長的每一個機會，一路做個案並且記錄飼主與毛小孩真實案例的故事，探討毛小孩與家人互動時，會迸出什麼火花而集結成書。因此透過書中的溝通內容將拓展讀者的視野，讓大家更瞭解動物溝通，並顛覆對毛小孩傳統的思維，飼主與毛小孩可透過動物溝通去挖掘更深層的議題。

　　本書雖然是動物溝通的領域，但內文主要強調一場靈魂的邂逅。靈魂流轉於世間「為而愛生、為愛而行、為愛而歸。」無論是否已遇見彼此，始終有一條靈魂不斷在感應著你的存在，透過緣分的牽引，將發展出超越世俗的無條件之愛，

並在真愛裡沐浴，用彼此相處的點滴，療癒對方封閉及傷痕累累的心。

　　邀請讀者用心進入每篇章節裡，不只是閱讀故事，而是化身成為裡面的主角並沉浸其中，從書中一邊閱讀，一邊遁入回憶裡，對應到過往歲月中的影子，雖然一時片刻記不起來，但可以細細體會書中所寫下的細膩情感，將會一點點憶起，因為那些記憶從未消失過。用心感受字裡行間帶來不同的情感連結，是否在片刻間觸動埋藏在內心許久的感覺，詢問自己為什麼會瞬間被觸動？掀起情感波瀾時，內心塵封了什麼樣的片段記憶？那將走進你的回憶裡，而我是伴隨讀者走進回憶述說故事的擺渡人。

　　「動物溝通師」將打開你的眼界，引領大家看見不同層面的視野！

　　我的動物溝通風格是直探毛小孩內心深處的聲音，當我們三方連結並交流，我轉達毛小孩的內心話當下，令有些飼主常浮現五味雜陳的情緒，像是恍然大悟、震驚錯愕、哭笑不得、窩心溫暖、傷心難過……等等。或者，會無意間說進飼主的心坎裡，當場聽到飼主會低聲哭泣。有時毛小孩一句：謝謝您、我愛您、沒關係或一些貼心的小舉動，都能讓飼主不禁潸然淚下且泣不成聲。正因為達到雙向溝通讓彼此的愛流動，進而拉近飼主與毛小孩之間的距離。

　　溝通事後，飼主們會陸續與我分享許多內心話，像是：「我再次回想寶貝所說的，讓我哭了好久，或許經由動物溝通是來提醒我。」、「自以為是的瞭解牠，經過動物溝通後，我才知道怎麼跟牠相處，而現在生活上也改善許多！」等等……。動物溝通不但可以明白毛小孩心底的真心話，更建立起飼主與毛小孩間心靈的橋梁，並找到彼此生活中新的平衡點。

　　人類常以主觀的角度低估毛小孩，甚至懷疑牠們怎麼可能有複雜的思維？的確！這是人類的思維角度，認為毛小孩只會吃喝拉撒睡。但是毛小孩的「無所作為」中又「有所作為」，這難以用人類的大腦去理解。

　　每個靈魂裝載在不同的物質肉體，但並不會影響靈魂本身的靈性與智慧。換句話說，毛小孩的實相，注入不同的靈魂，輸出當然會依照靈魂的個性去顯像！就像人有百百種個性，毛小孩亦是如此。牠們跟人類一樣有著七情六慾複雜的情感，當有人跟你說，毛小孩都是單向思考，那肯定沒接觸過「動物溝通」的領域。

人有百百種個性，毛小孩也是特質盡不相同：

調皮搗蛋享受生活以自己為主

懂事乖巧心思細膩為主人著想

聰明傲嬌勇於表現自我的特質

情緒多藉由亂大小便發洩情緒

會比較爭寵內心敏感容易受傷

安靜成熟像老靈魂的看待一切

獨立活出輕鬆自在讓飼主放心

受虐陰影無法敞開心面對生活

小心翼翼掌握家中的大小事情

事事無所謂看待展現無比樂觀

奮不顧身在所不惜為飼主犧牲

分離焦慮症依賴飼主寸步不離

年老生病倔強不願意妥協現況

隨著生命起起落落地順其自然

動物溝通是一場與毛小孩深度的對話，透由聽見牠們最真實的心聲，幫助我們敞開心胸，重新檢視、聆聽真實的自我。

探索與毛小孩相遇的意義，是為了喚醒靈魂愛的記憶，讓彼此的生命緊緊相繫。

有些飼主未有心理準備，共同響應這場深度對話，契機未到也不強求。而已準備好的飼主不難從對話中，發現有些令人永生難忘的對話，透露出每一個毛小孩來到我們的身邊，都具有特別的存在意義，端看我們是否能從中發覺。

像是個案中：飼主個性平易近人，待人隨和。他的毛小孩是被遺棄輾轉到現在飼主手中。有了此緣分，飼主才能透過毛小孩得知自己在內心的深層有被遺棄的恐懼感及不安全感，總是害怕孤單一人。所以在親密關係上過度付出及委屈討好，讓不安全感時常在作祟，不斷地想掌控另一半而緊迫盯人，使對方倍感壓力，導致不歡而散。毛小孩用自己的生命喚醒飼主：「不要過度拘禁自己，這樣你會永遠活在別人的陰影下。」

在本書中每個章節，能瞭解毛小孩進入我們生命之中，賦予彼此的愛是什麼？

雖然表面上，是我們拯救了毛小孩，但或許牠拯救的是你我往後的生命；雖然表面上，是我們照料毛小孩的生活，但牠卻提升了你我心靈的層面；雖然表面上，看似我們選擇了毛小孩，其實是牠的靈魂選擇了我們，只為完成彼此生命未了的任務或遺憾，悄悄的將愛變得更完整

人與毛小孩的關係，遠遠超乎我們可以理解的範圍，運用「動物溝通」讓我們交換彼此內心的訊息，而在日後生活中產生的微妙變化，是回應你的最好證明，讓你明白，自己與牠的緣分有著不可思議的連結。

CHAPTER

01

開啟
動物溝通
領域

Open the Field of
Animal whisperer

動物溝通之旅

紀念「愛犬—小粉」而開啟「動物溝通」之旅

相遇相惜直至死別，
在生命軌跡裡留下彼此愛的痕跡

　　小粉未過世之前，我的理性思想凌駕在靈性領域的認知之上，因此時常以自己的觀點來評斷，並加以批判或懷疑，讓之前的我，思想固化又狹隘，不知道宇宙浩瀚之大無奇不有。當時，我對動物溝通充滿質疑，心中吶喊著：「怎麼可能！只憑一張毛小孩的照片，動物溝通師可以知道牠們心裡在想什麼？根本是鬼扯又可笑的存在。」

　　當時的我，低估了毛小孩，從未想過牠們竟然有比人類更敏銳的觀察能力，甚至有令人感到不可思議的情感在付出，們的靈魂充滿勇敢及智慧，也會在關鍵時刻，願意為飼主們犧牲奉獻，他們的世界早已遠遠超過人類的想像。

　　當時的我，憑一己之見否定動物溝通。此刻驀然回首才深深明白，因為當初的無知而錯過許多人事物。於是，當我踏上動物溝通領域後，才逐漸瞭解動物溝通的重要性，也認為這將是新時代趨勢，因為能減少眾多飼主與毛小孩們之間的遺憾。而有多少毛小孩的心事一輩子就只能藏在心底，不被瞭解、不被看見直到下一個死亡階段，當初愛犬小粉也是如此。我為了紀念小粉，為自己重新設一個里程碑，所以我需要增廣見聞及開拓眼界，便開始踏入科學的神秘學。

小粉用「愛」，闖進了我的生活

我從國小到出社會都像個獨行俠，並不是因為我交不到朋友，而是我認為：「與朋友建立關係」比「有自己的生活空間」來得重要。「獨處」讓我有「與世無爭」的輕鬆感。在家裡，我的作息與家人是日夜顛倒，把自己孤立在人群之外，單獨活在自己的小宇宙中。

某一天傍晚，我一如往常下班回家，家裡突然多了一隻「吉娃娃」。原來是哥哥在綿綿細雨的路上中，在廚餘桶旁邊看見一隻小狗，哥哥在原地等了又等，不見任何人影，所以決定帶狗狗回家。這隻狗的身上沒有任何的牽繩或晶片，於是我們收養了牠，並且為牠取名為「小粉」。

我從小到大對「狗」有一份莫名的恐懼感。當時的我，看到小粉的反射動作是跳上沙發遠離小粉，然而小粉淡定又無害的站在原地，相形之下我卻顯得大驚小怪又好笑。牠看我的眼神，流露出純真無邪又溫順可愛的氣息，這讓我漸漸地降低對狗的恐懼感，也讓我慢慢卸下了心防。

媽媽一副老神在在地對我說：「感覺小粉性情乖巧，似乎喜歡吃蔬菜水果。想上廁所的時候，會自動找廁所尿尿，不會隨地大小便，很懂事。但是，小粉眼眶有淚水看似在哭，應該是在想主人吧！」

當時的我，對「小粉在哭」沒有太多的感受及想法，如今回憶當初才明白，為什麼小粉會哭，原來這之中藏了一個「大秘密」！

小粉在家的第一年由媽媽和妹妹照顧，而我呢？對小粉依然無動於衷，只知道：家裡多了一隻狗！僅此而已。一年過去了，妹妹去讀大學，媽媽需要照顧家裡的嬰兒，所以我開始主動幫忙照顧小粉！

這讓我開始和小粉有了互動，每天帶小粉去體育場跑步，牠雖然小小一隻卻是強勁的小鋼砲，會跟在我的腳邊一起跑步，跑了十圈的操場後再去跑階梯。當時，我開心又興奮的心想：「小粉好厲害喔！和我一樣不喜歡認輸。」周圍一起運動的婆婆媽媽們十分讚賞小粉，吱吱喳喳的聲音此起彼落的不絕於耳：「怎麼

會有這麼乖的狗，不會亂跑亂叫！」日復一日的運動日常，也奠定了彼此之間深厚的感情！

　　往後的日子裡，我養成一個習慣，不管去哪裡幾乎都會帶著小粉一起去！因為小粉輕巧又安靜，帶牠去任何地方都十分方便，就連帶牠去圖書館，竟然也無人發現！於是我們幾乎是二十四小時在一起，已形影不離。

　　記得第一次帶小粉去房間睡覺時，我睡眼惺忪的看見牠坐在我身旁，用一雙水汪汪的大眼睛，不知已凝視著我多久了？如此的情景幾乎天天上演。小粉用「愛」闖進我的生活，一點一滴走進我的心裡，逐漸地在我心中占有一席之地而不可被取代。

　　在有小粉陪伴的十三年的歲月裡，當我人生不如意時，牠彷彿輕輕在訴說：「就算妳的人生在最低谷，這一切將會過去，別怕！有我陪著妳。」小粉溫柔又淡定的眼神，灌溉著我的內心，並且讓我更加勇往直前地衝破目前的生活難題，眼前的紛紛擾擾瞬間煙消雲散，也變得不重要了！

　　平常沉默寡言的我，從未對小粉吐露心聲或閒家話常，因為當時認為小粉聽不懂人類想表達的內容。所以頂多彼此「大眼瞪小眼」，或是透過隻字片語來做溝通如：吃飯、尿尿、散步、洗澡等。但不會因為這樣，影響我們深厚的感情。對我而言——無聲勝有聲，更微妙是一種「寂靜之聲」的感覺，聆聽它，在於心靈深處彼此交流的語言，勝過於千言萬語。所以我喜愛無聲的陪伴，那種感到安寧又放鬆的感覺。

小粉的驟逝——
尋找靈魂的蹤跡

 該來終究會來——該走終究會走

凡是被賦予生命的萬物，最終還是要面臨死亡的到來。

有一天媽媽突然憂心忡忡的對我說：「妳這麼愛小粉，如果有一天小粉過世了，妳怎麼辦？」

我在心裡信誓旦旦想著：「這是生命的必經過程，我應該不會傷心太久。」

當時的我，總習慣用一顆抽離的心看待自己，不讓自己深陷其中並切斷自己的感覺，總會運用智慧和理論去駕馭自己。結果，離理論很貼近，卻離情感很遙遠，自以為的理性成熟，將我塑造成逐漸不近人情，冷眼旁觀的漠視一切。

小粉的離世，就像是牠用自己的生命，讓我從痛苦中逐漸重視情感，甚至埋下往後人生的伏筆。

 在小粉邁入十四歲時，這一天終究還是降臨了！

在小粉過世的當天上午，我竟然毫無察覺小粉近期的不對勁，直到中午突然有一個強烈的念頭，才讓我慢慢感覺到「小粉將要離開我了。」但我又不斷忽略這個感覺，不願意去面對小粉可能即將要離開我的事實。

這天中午，我的心情突然莫名哀傷，突然想帶小粉到處走走看看，我帶著小粉去我們常去的地方。先到了寵物商店，帶著小粉看著牠愛吃的零食與寵物的用品，試坐軟綿綿的座墊，同時問小粉：「這是你最愛吃的零食耶，等等買回家，當你的年夜飯；這座墊舒服嗎？要不要買回家躺？一起過年耍廢。」

小粉只是靜靜看著我，牠看起來很沒有活力。或許牠只需要靜靜地跟我獨處，感覺彼此的存在就夠了。但我心裡不願意面對小粉可能要走的事實，於是又帶小粉去牠最喜歡的公園，我期盼著小粉到喜愛的公園，會用著牠小小的腳，如往常般展現活力開心的散步，但小粉走起路來搖晃不穩，我感覺到牠的每一步，彷彿用盡力氣在對我說：「我要走了，妳要好好照顧自己！」

我忽然有一個念頭：「小粉是在跟我道別嗎？」一股悲傷的情緒不斷地湧上心頭，淚水不知不覺已悄悄滑落，我摸著自己臉龐的淚水，心想：「怎麼哭了？」在這一刻突然敲醒我，不能再逃避事實了。

於是，我看著小粉不斷喘息虛弱的身體，內心的恐懼無聲地爬上心頭，此刻我才驚覺到不對勁，立刻抱起小粉，騎上機車急忙到獸醫院。去獸醫院的途中，強迫自己收拾悲傷的情緒，但眼淚早已像斷了線的珍珠般不停落下，而我也不斷地擦拭淚水。

長久以來所塑造的理性，在此刻完全瓦解。將小粉送進獸醫院後，當時醫生對我說的話，我幾乎沒聽進去，任由悲傷的情緒占據我全身每個的細胞而吞噬自己，甚至傷心到精神有些恍惚。也許，我的內心並不想面對眼前突然生重病的小粉，牠只能待在氧氣房裡，讓生命像沙漏裡的沙急速流逝；也因為小粉病情不樂觀，於是住進了獸醫院。

護士問我：「要進去看一下寶貝嗎？」我搖頭回絕了。

此時的我，湧上無數個想逃避的念頭，在我腦海中不斷地流竄著。只因我，害怕在他人面前，情緒幾近失控且悲傷的不能自己；只因我，無法鼓起勇氣面對小粉正處在病痛的折磨中；只因我，沒有勇氣去面對自己內心的悲痛，而找盡藉口的說服自己：「動物懂什麼？沒去看小粉，也沒關係，牠不會懂的。」

我辦完住院手續後，一副若無其事地快速轉頭離開獸醫院。回家後，躲進房間，此刻，我的世界天翻地覆，一瞬間跌入深不見底的悲傷漩渦中，而崩潰的嚎啕大哭，這強烈的情緒蔓延全身，想逃也逃不了，想藏也藏不住！也徹底打破我長久以來所塑造堅強冷漠的形象。此刻悲傷的我，已沒有小粉溫柔的陪伴，只能在暗夜裡獨自痛哭釋放心中的痛。

　　沒多久就接到家人來電的關心，問我：「妳有去看小粉了嗎？妳應該去看看，或許『牠在等妳』，快去看牠吧！」

　　這句「牠在等我」，讓我回憶起：我早上總是愛賴床，但小粉總會安靜地待在我身旁，默默注視著我，當我睜開眼時，我其實並不知道小粉等著我睡醒，已經等多久了？

　　當我回過神後，心中突然大聲吶喊著：「對！小粉在等我！」於是我快速讓情緒恢復平靜並離開房間，獨自騎著車去看小粉。即使到了獸醫院，那些種種的害怕依然蔓延在我的心頭，更讓我在獸醫院外面徘徊許久，眼看獸醫院探病時間快結束了，我壓在最後十分鐘，鼓起勇氣終於踏進去獸醫院。

　　我用盡所有的理智，讓自己不受感情牽制，並開始整頓各種起伏的情緒，強忍悲傷情緒且深藏在心底，逞強著讓自己看起來很平靜。當我一踏進小粉住院的氧氣房前，牠一看到我，雖然身體虛弱但迅速起身並站得直挺挺地，目光炯炯有神，似乎在說：「我等妳好久了！妳終於來看我了！」

　　我屏住呼吸且小心翼翼地靠近小粉並摸著牠，努力穩住自己的情緒不讓它失控，過了幾秒後，才緩緩開口：「你乖乖喔！等你好了，媽媽就會帶你回家喔！」當下心裡感覺小粉病情會好轉，應該沒多久就能出院了！

　　但事與願違，天下無不散的筵席。探完病，我安心的離開了，數小時後，隔天剛好是除夕夜，在當天凌晨一點零七分，我接到一通悲痛的電話，醫方說：「小粉休克了！」我跟媽媽急忙趕到獸醫院，我強作鎮定且面不改色的，極力壓制住所有排山倒海的情緒，這是我前所未有的衝擊感，我的世界突然天旋地轉，讓我頭暈目眩。此刻終於可以體會到，為什麼有些人會因為聽到無法面對的狀況時，大受打擊而昏倒。

小粉過世，我回憶往昔的一切：
或許，小粉一直懂我的想法

　　當小粉邁入十歲時，我便開始在腦海中排練小粉離世的各種狀況，時常在內心想：如果小粉在我最繁忙的時候走了，我是否會慌了手腳而不知所措？我也無法想像，當我一覺睡醒，小粉就突然悄悄的走了⋯⋯。我時常假想並推演著各種離世的狀況，希望自己在內心做好萬全的準備，但我從來沒想過小粉會在獸醫院離開，這一切都不在我的推演中。

　　小粉發病前的三個月，定期到獸醫院做例行全身健檢。醫生還誇說：「牠保養及狀態都良好！」這些話也讓我感到自豪，因為把心愛的小粉照料的如此健康！所以，我安心的以為牠身體沒有什麼狀況，是個「健康老奶奶」，可以再陪伴我度過許多歲月，結果三個月後，小粉卻驟逝了。

　　自從小粉離世後，我的腦海中時常不斷地搜尋，小粉臨終前許多的生活細節，並在腦海中一幕幕的播放過往。我的直覺強烈地告訴我：小粉臨走前，鋪陳許多細節！想起這些不禁難過湧上心頭。因為小粉跟我一樣「愛逞強」！總是裝作一副若無其事的模樣，不想讓人擔心，就算要離開人世間，也要默默的離開。

　　我心中突然湧現強烈的感覺，小粉在世時，牠聽見了我的心聲，似乎挑好了日子才離開我，避開我之前所有假設的狀況。牠離開的日子很特別，選在除夕夜，因我沒有過節日的習慣，所以，我有足夠的時間獨自且慢慢消化悲傷的情緒！正當每戶人家快樂圍爐的時候，我卻在房間裡，時而哀嚎痛哭、時而低聲哭泣，複雜的思緒不斷浮現交錯。也許是理性又再作祟，告訴自己不能持續深陷在悲傷的泥沼中。於是，獨自到充滿過節喜慶的一中商圈，邊走邊掉淚的穿梭在熙來攘往的人群中，我不斷問自己：「為什麼可以如此遲鈍，沒發現到小粉生命正在流逝？」但一切為時已晚，再也回不去了。

　　隨手一滑打開通訊軟體，收到一則同事的關心，他傳了一張圖給我，是關於接班狗的故事，源自一位知名作家「寶總監」。我看完之後，心裡想：「這不過是安慰人心的作品，不可能是真的！而且我以後不打算再養狗了！」但這張「接班狗的漫畫圖」卻為我埋下人生歷程的伏筆，它在未來的某一瞬間竟然實現了，也牽起我與知名作家的緣分。

追悔的同時，回憶的輪廓越是清晰、越心痛，
想起小粉過世前一天突如其來的行為

生活一如往常，但幾乎不下廚的我，那一天卻心血來潮，煮一大碗的鮮食。食慾不佳的小粉，很捧場的大快朵頤且全部一掃而空，還一副意猶未盡的樣子。當時，我看著小粉把食物全部吃光，心裡想：「有食慾吃東西，這小感冒應該會很快痊癒！」於是我放心的上樓回房間。而躺在床上滑手機時，忽然間聽見很熟悉的抓門聲，這讓我又驚又喜！因為小粉自從年邁體衰後，許久沒有爬樓梯回房間了！

我們晚上像往常一樣，去散步尿尿，我還是沒看出牠的不對勁，那天沒來由的拿起手機，拍下我與小粉的合照，殊不知這是「最後一張」。

拍下與小粉最後一張照片。

此時我，忽然被路過的人群推擠，將我從回憶裡帶回現實世界，於是我又繼續往前走、繼續與自己對話。想著小粉過往的種種足跡，這一步一步的鋪陳，背後隱藏了多少愛的細節，然而在我腦海中不斷反覆探尋小粉留下無限擴張的愛。

小粉在世時，我常常在心裡想：如果哪一天小粉病情不可逆，我不希望牠在病痛折磨中耗盡生命，對牠和對我而言，將會是一場漫長的折磨，以及現實中的無奈與無盡的難過。

或許小粉知道，我日常的繁忙和工作量幾乎快壓垮我，須時常靠著意志力來支撐及應付生活，實在無法再分身乏術去操心任何一件事情。所以，牠在世時，是個懂事的毛小孩，極少看醫生吃藥，盡量不造成我生活上的任何麻煩。

或許小粉知道，自己已經沒有多餘的時間陪我了，牠若繼續留在我身邊，我會無能為力的看著牠，因為病痛掙扎而傷心難過。即使小粉在生命邁向最後一哩路，依然故作堅強。

我去獸醫院探病時，或許牠用盡所有力氣，假裝牠很好並且若無其事地搖著尾巴，讓我能在探完病後安心地離開獸醫院，再選擇自己默默離去，減少我面對牠與病痛纏鬥和彌留臨終的時間。

或許小粉用盡所有的力氣「吃完」最後我幫牠準備的晚餐；或許牠用盡所有力氣「爬樓梯」回房間找我，製造回憶點；或許牠用盡所有力氣「假裝」沒事讓我帶出門散步尿尿，目的就是為了讓我晚上沒煩惱的酣然入夢，如此設身處地為我做好周全的考慮。但卻在探病完的隔天凌晨，我就收到殘酷的消息：小粉永遠離開我了！

我心中有太多的「或許」，在我腦海中千頭萬緒，回憶的輪廓越描越清楚，卻也讓我越來越痛心，小粉原來花心思埋下各種深遠的伏筆，小粉過世三年了，這各種的伏筆卻不斷地在發酵中，包含，動物溝通師身分、出了這本書紀念牠、出版社的緣分、與易經老師的緣分等。

小粉遺體火化－顯靈

小粉要火化的前一晚，約莫在凌晨三點鐘，我在睡夢中忽然睜開眼睛且意識十分清醒，感覺自己的右腳指緩緩在動，在這片刻之間，我腦海閃過小粉在過世前一晚睡在我右腳邊的畫面。內心突如其來產生一股難以言喻的感覺，讓我忽然間對著空氣微微開口：「是小粉嗎？」

「對！是我。」小粉很平靜說。

「你過得好嗎？」當我說出這句話的同時，不禁懷疑自己是否在做夢？

「別擔心，我很好！」小粉依然老樣子淡定的回答我。

小粉接著說：「骨灰不用大老遠跑到野柳灑進大海，在我們曾經一起跑步的運動場就好！」

（小粉會說出此話，是因為最後一次帶牠出遊到野柳時，牠每張照片都露出開心的笑容，所以我才決定，將小粉的骨灰灑在野柳的大海。）

我抓緊機會又問：「我可以為你做點什麼嗎？」

「善事。」小粉依舊淡定。

此時的我，突然想起身看看自己的腳邊，但小粉卻說：「不要起來！」而我的身體似乎被無形的力量壓回去。

此刻，我再次感受到小粉在身旁陪伴著我，於是緩緩閉上眼，很安心的睡著了。小粉陪我渡過無數人生最艱難的時期，就像在暴風圈裡看見一隅的寧靜所獲得的安定感，我可以靜靜地等待自己冷靜下來後，再度出發面對人生。

隔天回想起昨夜與小粉對話的所有情節，此刻的我，內心萬分的激動，立刻記錄下來。當時，我還沒有開始學動物溝通，那也是第一次跟小粉對話，或許這是我的幻覺吧？但我寧願相信這是真的。

 ## 我開始期待，接下來會發生什麼事

這天的送行火化，我帶著小粉的遺體，準備啟動小紅車子前往火化場，引擎卻發不動。說也奇怪！小紅車子從未有引擎發不動的紀錄，我只好開另外一台小粉最愛的香檳色車子去火化場。後來我跟家人說：「小粉挑了牠最愛的香檳色車子離開家裡，因為這台車子，有許多我們一起出遊的美好回憶。」

明明十分鐘的路程，卻開了一個小時多。允許我最後的自私，可以再多看小粉幾眼，讓我能感覺到牠的存在，即使多一分一秒也好。當送行火化完，家人回家後急忙要去修理小紅車子，竟然又可以發動了！大家都感到萬分不可思議。

或許真的是「小粉顯靈」吧？雖然牠的肉體不在了，但牠以別種形式讓我知道牠的存在。

踏上動物溝通的契機

　　周遭親友皆以為，我會傷心難過一陣子，甚至走不出失去小粉的陰霾。更沒有任何人料想的到，我剛歷經愛寵的離去，狀態竟然能神速的恢復，一如往常的過生活，往後的日子甚至一腳踏入身心靈的領域，幫助許多飼主改善與毛小孩之間的關係。

　　小粉過世那一夜，是家家戶戶的團年夜，而今年除夕夜對我是意義非凡。我獨自過著除夕夜，有時悲痛、有時平靜、有時自責。這股傷心欲絕且反覆無常的情緒，持續約莫十天，就頓時想通且走出傷痛，這一切比我預期來得快。

　　在這十天左右的過程中，我不斷自問：我為什麼這麼難過，真的是因為小粉離世了嗎？還是因為自己的失去，感到不習慣而難過呢？我仔細想想，應該是後者吧？也或許兩者皆是吧？但是，小粉年事已高，器官也逐漸衰退，若能重生以新生命，換個身體再來到人間，或許能去到更好的世界，我是否更應該要祝福牠呢？而不是執著與自私，用情感牽絆著小粉，我對牠的離開應該感到圓滿，能在內心真心真意的感謝小粉，曾經來到我的生命中，並且給予小粉最深的祝福！

　　死亡課題任誰也逃不了，不要害怕去面對，這是生命的自然循環，生生滅滅，雖然肉體消失了，但靈魂依舊存在，也或許靈魂會再投胎，以另一個新生命再重生於這世間。

生命的轉折點

命運之輪的轉動，小粉的驟逝如晴天霹靂般衝擊著我，讓我僵化的世界開始逐漸動搖。藉此機會，我狠狠地大哭一場，於是我開始沉思往事，一幕幕的過往不斷浮現，看見自己疲憊的身影，兩頰旁的淚水盡是孤獨的跋涉與堅強的扛起重責，已經不知道「累」是何物。

回望過往，血淚多於歡樂，這亦是自己無悔的投入和付出，也讓自己忘記發自內心的「笑與哭」、「感動與生氣」。我像是一台全自動的機器人，沒有了生氣、沒有了感情，我不禁憐惜起總是為責任而活的自己，很少重視自己的感受，只知道工作賺錢與對家人貢獻付出。此刻讓我重新思考許多事情，審視生命的存在與意義，我不斷與自己對答：我真的快樂嗎？還是每天掩飾自己的悲傷對每個人微笑？我活著的意義是什麼？我連自己原本喜歡做的事情，愛吃的東西也漸漸不喜歡了，我到底怎麼了？

透過瘋狂的大哭宣洩，不知覺悟了多少回，而每次覺悟伴隨的哭聲也不間斷地持續著，且時而嚎哭、時而啜泣、時而靜默落淚。哭過是領悟更是成長，心境隨之改變，內心響起聲音告訴我：「不要再負重前行了，要學會慢慢放下！」在這悲傷的狀態下，更讓我清楚知道，沒有任何人可以比我更瞭解自己及陪伴我，一切都要靠自己從困境中爬出來，也只有自己具有拯救自己的力量；同時我的世界也開始轉變，並點滴療癒躲在黑暗的那個「我」。歷盡滄桑含淚微笑的悟然，曾經與小粉靈魂的交會，喚醒生命的智慧與深埋心底的愛。

我再度把五感打開，在內心深處最纖細的觸角慢慢重啟，一點一滴的找回內在真實的感受。我再度打開心扉，覺察細微情緒的升起，感受自己脈動的潮起潮落。小粉的離世竟成為我人生的轉折點，生命的路徑也因此改變了。

在學生時代，我喜愛用文字記錄自己的生活，但在出社會後，卻再也不提筆寫字。而小粉的過世，讓我再度拾起塵封已久的筆硯，我將對小粉的思念化為文字，讓文字勾起自己珍藏的回憶，並重回記憶的現場。我細細寫下與小粉相遇、相知、相惜，到死別，我們如何開始又是如何結束，在字句中鑲嵌著感動的淚水。

默默整理牠的照片，心裡也思緒萬千地回憶往事，在有小粉相伴的日子裡，共同歷盡千帆，此生將銘心相記。

小粉雖然肉體死了，但還有「靈魂」，牠的靈魂到底去哪裡了？

　　小粉的離開，不但沒有嚴重削弱我的身心，反而在牠過世的一週後，不可言傳的力量，貫穿我的精神思想體，精神異常的飽滿及思緒清楚，讓我日漸心神領會。小粉留下了無限的智慧與無條件的愛，並在靈魂深處地默默祝福著我，在未來的日子裡，能讓我看見美好的風光！我也在小粉身上學到：「無所求、無所爭、寧靜美，簡簡單單的世界！」讓我帶著這些正能量的悟道，無懼地面對每次的人生關卡。

　　在主流社會裡「迷信」與「科學」是對立的。部分的人批判「神秘學」是迷信之輩，產生「我很理性，眼見為憑，事事依科學數據」的優越感。曾經「極度理性的我」也對「科學理智為上」深信不疑。而我的理性隨著小粉的過世而崩解轉變，讓我不再信奉「科學根據，眼見為憑」，而是相信「眼睛看不到的，並不代表不存在」。

　　當時小粉過世，我不願意相信牠會就此消失在我的生命中，總覺得自己一定可以找到牠。小粉只是暫時離開，並不會因此而消失的無影無蹤，牠會再出現的。或許在別人的眼裡，我是放不下，但在我心中有種強烈的念頭：「我會知道小粉去哪裡了。」

　　我憑這股意念，瘋狂叨念有關於牠的一切，想念的動作無法停止，於是探尋曾經溫存過的熟悉感，尋找記憶中的感動。我也開始瘋狂的在網路搜尋，關於能感覺到「小粉的資料」，我想知道牠的靈魂死後去哪裡了？牠過得好嗎？牠會回來看我嗎？我還能為牠做些什麼？在書店看到有關於寵物的書便全部買下，我企圖想抓住一絲絲的信息。儘管我內心十分清楚我的行為是補償心態，但是理智與感性不斷在拔河。在感性層面上，有一股無法控制的念頭，停不了這般「癡人說

夢」，即是「找到小粉」，並在做最後的掙扎與努力；在理性層面上，我知道這一切是徒勞無功，不可能找到小粉，牠永遠死去也永遠離開我了。

我在書局看到一本書名叫《動物溝通師》，讓我憶起曾經想找動物溝通師，窺探小粉的內心世界，但我並沒這麼做，因為當時不相信動物溝通這種虛無飄緲的事。因此打消了念頭，但這件事情卻一直放在我心裡。

而我為了彌補心中的缺憾，所以決定「一探真假，揭開動物溝通的神秘面紗」，我一口氣約了兩個動物溝通師，並在不同時段進行。這一試不但振奮人心，同時也慢慢改寫我生命的軌道。

只是，剛好遇到的第一位動物溝通師，讓我有被唬弄的感覺，完全摸不著頭緒動物溝通師在講什麼，總是答非所問或模稜兩可，我在失望之餘找動物溝通師理論。當時我心裡嘀咕著：「難道動物溝通真的都是虛而不實嗎？」雖然這次經驗讓我十分失望，但我沒有因此而放棄，反而滿心期待著第二位動物溝通師。

找到小粉足跡之一

第二位動物溝通師，整個過程令我感到不可思議。動物溝通師轉達小粉的話時，讓我感覺小粉彷彿會讀心術，連我在想什麼，以及從未說出來的感受，這些都透過動物溝通師的言語傳達，並讓我知道，而那既成熟又淡定的口吻，我內心吶喊著：「對！這就是小粉的感覺」，而這也成為找到小粉足跡之一。

其中最奇妙的是，小粉提到我內心最深層的現象，而我卻未真正意識到，這忽然點醒了我，也讓我在往後的日子裡，時常想起小粉告訴我的。

動物溝通師開場白：小粉在另一個次元空間，是一位「使者」，是需要執行任務的，牠有時會回來看看妳。只要妳心中想著小粉，牠便能感應到妳對牠的想念。牠現在有另一個使者名字——特米樂。

在當時，這段話我也只是隨意聽聽，因為這一切對我而言，既虛幻不實也太遙不可及。但是我很高興小粉在另外一個次元空間擁有新的身分，似乎是個身手不凡的角色。

動物溝通師接著轉述，小粉說：「第一天被撿回家的時候，我會哭，是因為家裡的氣氛變調了。在過去那一世家裡，是簡單而平凡的幸福，我是家裡的大管家而土地和錢都是我在掌管。」

　　當時，我聽到這段話，讓我想起：小粉第一天來我家時，媽媽說：「小粉好像在哭耶！」這竟然不謀而合。但當時我對輪迴概念較薄弱，所以完全在狀況外，因為我不明白小粉想表達什麼，但我默默的把這段話藏在心底。

　　我為了進一步探究「動物溝通」的真假，將家裡每個人的個性都問過一輪，小粉竟然把每個人的個性，觀察的如此透徹，說到每個人的個性精髓！這一切像是做夢，我對眼前的事情感到難以置信，簡直太偏離現實層面了！

　　動物溝通師又轉述，小粉說：「我從未與妳深聊，希望有機會可以跟妳深聊。那一天在獸醫院我選擇先走了，不再留在妳身邊，只因為這一切都是生命必經的成長之路，早已註定好了。妳晚上好好的睡覺，不要再胡思亂想，讓腦袋靜下來。」

　　我藉由動物溝通，讓小粉再度出現在我的生命中，原來我不是癡人說夢，而是「思念不僅能驚天動地，也能感動天地，讓彼此能穿越時空，找到彼此的足跡」。這一切冥冥之中自有牽引，再創出一段佳話，同時讓我一步一步走向靈性的道路，成為自己的傳說。

　　我暗自想：「小粉」與「我」這一生，似乎有著剪不斷的緣分，從牠來到我們家，經歷多次走失及不知多少次在危險的邊緣，但牠都能化險為夷而且安全回到我的身邊。過去的種種回憶，一切都歷歷在目，如今想起仍心有餘悸，難以忘懷。

相遇、相知、相惜，到死別

再度拾起塵封已久的筆硯　將對小粉的思念化為文字
勾起珍藏的回憶重回現場　細細寫下彼此曾愛的軌跡
字句中鑲嵌著感動的淚水　相遇相知相惜相望到死別
一探真假找上動物溝通師　而成為找到小粉足跡之一
陰陽之別隔著隱形牆遙望　只能脫離現實層面的限制
用靈魂去愛去感受祢存在　讓牢不可破連結持續存在

濛濛細雨 流浪的小粉來到家裡
種下彼此的羈絆

小粉用「愛」闖進我的生活
陪伴十三年的歲月裡 無論喜怒哀樂
牠總能溫柔的相伴

這天心情莫名哀傷
我突然想帶小粉到處走走看看

小粉走起路來搖晃不穩
我感覺到牠的每一步 彷彿用盡力氣在對我說
「我要走了 你要好好照顧自己！」

我忽然有一種念頭：小粉是在跟我道別嗎？
同時淚水悄悄滑落

此刻驚覺小粉不對勁 急忙到醫院

醫生說明病情 我一片茫然
我不知如何面對生重病的小粉
更無法提起勇氣走進氧氣房看小粉

數小時後，隔天是除夕夜的凌晨
傳來噩耗：「小粉休克了」

我強作鎮定
極力壓制住所有排山倒海的情緒
這是我前所未有的衝擊感

小粉發病前三個月
做健檢一切都很健康

三個月後驟逝

或許小粉一直懂我的想法
牠離開的日子很特別
成為我最難忘的除夕夜
只有悲慟度過

我沒有過節的習慣 所以讓我有足夠時間去消化悲傷並接受

理性作祟 告訴自己不能再深陷悲傷的泥沼
獨自到充滿過節喜慶的商圈裡 邊走邊掉淚
穿梭在熙來攘往的人群中

春

隨手滑開 LINE 收到同事一則關心 傳一張圖給我
關於接班狗的故事
源自知名作家「寶總監」

我邊看邊想：這不過是安慰人心的作品 不可能是真的 而且我不會再養小狗了

但這張「接班狗的漫畫圖」為我埋下人生歷程的伏筆
它在未來的某一瞬間竟成現實 也牽起我與知名作家的緣分

小粉在世 我常想
哪一天小粉病情不可逆
我不希望牠在病痛折磨中耗盡生命
對彼此而言 是心中漫長的折磨
無盡的無奈及悲傷！

小粉為了縮短我擔心難過的時間
選擇很快離去

回家後 我在暗夜裡獨自痛哭 釋放心中的痛

家人問
「有去看小粉嗎？或許牠在等你！」

這句「牠在等你」讓我回憶起：我愛賴床的習慣 小粉總會默默凝視我 等我起床

我到醫院 走到小粉的氧氣房前 牠一看到我 雖身體虛弱但立刻起身 目光炯炯的流露出
「我等你好久了！你終於來看我了！」

我強忍悲傷並假裝平靜 説：「你乖乖喔！等你好了 我們一起回家喔！」
我當下認為狀況有所好轉 很快就能回家了

或許小粉知道
我日常的繁忙幾乎快壓垮我　靠著意志力來支撐
實在無法再分身乏術去操心任何一件事情

或許小粉用盡力氣
「吃完」最後的晚餐；「爬樓梯」回房間找我；「假裝沒事」去散步
每一步一步沈重的鋪陳　背後隱藏多少細節的愛

我在不知情下，沒來由
拍下我們倆的合照　殊不知成為「最後一張」

回憶的輪廓越描越清楚及痛心
小粉原來花心思埋下各種深遠的伏筆
並現今還在不斷地發酵中

我們之間並還沒結束　思念撼動著天地之間　讓彼此穿越時空
找到彼此的足跡　再創出一段佳話

從不相信
到相信「動物溝通」

　　我經由這次的動物溝通，完全改觀之前不相信動物溝通的偏見，在這一刻開始相信動物溝通，並且我告訴自己：「我要用自己的能力跟小粉深聊！」

粉圓是小粉指派的接班狗

　　於是，我去報名學習「動物溝通的技能」。動物溝通的老師告知我：「如果沒有養毛小孩就無法參加。」當時我內心想：「我並不想再養毛小孩了，不能報名參加就算了，隨風吧！」

　　當我揚起：「不想參加動物溝通課程」的念頭時，這世界彷彿開始在運作，似乎有一股神秘的力量環繞並眷顧著我，一切來得十分突然，在短短的不到七天內，粉圓就來到我的面前並和我十分的契合。

右一小粉；左一粉圓。

夢境預告著：
小粉的離去，粉圓的到來

　　小粉離世前一天，我夢了一場神祕又美麗的噩夢，彷彿有一股神秘的力量在主宰著，這一切像是設好的局，而我只等著入局，且無力改變只能接受。

　　這天我在夜裡夢見「兩隻吉娃娃」。一隻棕色吉娃娃撲向我的懷抱，於是我不假思索準備帶著牠回家。另一隻白色吉娃娃，大眼深邃地看著我，眼中似乎有千眼萬語想傳達，當我回頭看著牠，依然停在原地看著我慢慢離牠遠去，消失在盡頭中。這時候我突然醒來，全身無力癱軟在床上，這一切我彷彿身歷其境，開始回憶起夢境中的細節，而夢境深刻烙印在我腦海裡，我不斷在想夢境背後的意涵是什麼呢？但我仍百思不得其解。

　　直到粉圓的來到我身邊，我終於明白夢境的隱喻是什麼：現實生活裡兩隻吉娃娃，小粉跟粉圓的相同之處都是「棕色混白色的吉娃娃」。當初夢裡的白色吉娃娃是「小粉」看著我遠去，而白色也代表了天使的顏色，是輕盈純潔並進入靈性次元；而棕色的吉娃娃是「粉圓」撲向我，而棕色代表我們世界物質的大地顏色而接地。

　　原來冥冥中早安排了接班狗──「粉圓」，用夢的形式讓我知道。雖然暫時無法佐證粉圓的確是「接班狗」，但往後的日子卻一件接著一件浮現「粉圓接班」的線索，讓我更加肯定此事，不得不佩服及臣服於宇宙神秘的運行。

　　小粉是二月四號──駕崩，粉圓是三號四號──駕到。當天要去認養粉圓的時候，發生一件很離奇的事情。在七點左右被通知認養粉圓，而遠在台南的妹妹完全不知情認養粉圓的事情。就在同一個時段裡，妹妹突然 Line 我：「我家裡的三歲小孩，沒有原因地，一直狂喊小粉的名字，他從來也沒有這樣子過。不知道小孩是想表達什麼？覺得很奇怪！」

那時候的我，還沒有學動物溝通並沒有太在意，以為只是巧合。但是妹妹的心思比較細膩，所以她藉此跟我分享，後來我告訴妹妹：「怎麼這麼巧，我剛才帶回一隻很像小粉的吉娃娃回來。」

　　有了粉圓，也等於有了學習動物溝通的入場卷，而這堂課的歷經，超乎尋常的體驗，顛覆我以往的思考邏輯，隨之強化我的內在智慧，也因此深深影響我往後所思所行。

　　動物溝通在學習過程中，每個步驟都讓我渾身不習慣，尤其是靜坐冥想，幾乎花上一整天在做這件事，對平常思緒忙碌的我來說，要把腦袋放空是有困難度的，甚至懷疑：我真的學得會嗎？

　　我曾經測過科學「皮紋採取」和「個性取向」，都不具備神秘學的特質，傾向理性思考的「科學腦」。但在動物溝通的課程，最後在驗收學習成果時，我竟然通過了！令我振奮不已及驚異萬分，我甚至認為：「是以一種奇蹟似的形式在發生。」在學習的過程中，讓我有種很奇妙的感覺，彷彿小粉坐在旁邊協助我，甚至偷偷告訴我答案。

　　自從學動物溝通以後，我的腦袋似乎接通了什麼，突然開竅。以前自己沒發現的天賦能力——浮現，隨著日子過去，奇妙的事情一件接著一件發生，讓我逐漸覺得：「動物溝通不只是動物溝通，更是一種強大潛意識的潛能開發。」

　　因此，我開啟動物溝通師的學習之路。這一路如西遊記中的唐三藏取經一樣，我遇見許多身心靈的老師，與他們思想的碰撞，激盪出不同的火花，也成為我「取經」的途徑之一。身心靈界的老師，在許多話上不會把話說盡，而是讓你慢慢去領會其中事件的脈絡，帶給你什麼體悟，並能去覺察不同層面的涵義，而我這一路來，慢慢領會老師曾經對我說過的話，也便能再次喚醒我內心更深層的記憶，再以不同的角度點醒我些事情！

　　「靈魂」會帶領著我們去尋找答案，生命一切的答案都在「潛意識」裡。沒有任何人能給出最佳的答案，唯獨自己能找到生命中的答案，甚至生命中出現的貴人，也只是人生的提示及輔助！一切終究還是要回歸於自己，帶領自己不斷往前進，並突破生命中的難關。

你相信前世今生，再續前緣嗎？

在因緣際會下，我遇到一位既知名又低調的易經——葉老師。初次見面時，易經老師會根據你的場域，不需要做任何提問，老師自然會說出與你相關的人事物。但易經老師會說出什麼內容，可能是自己這輩子從來沒想過的事情，但卻又跟自己息息相關，甚至在往後的日子裡，影響著我的起心動念和生命的軌跡。

易經老師所敘述的內容，令我眼睛為之一亮，於是對內容越來越好奇。先提到我目前狀況，接著是一系列關於我的前世今生。易經老師邊說，而我邊不由自主回想過去，在學生時代總有許多莫名其妙的念頭，比如出家遠離人群……等等。經過易經老師一番言論之後，讓我恍然大悟，在許多想法上也不謀而合，有種水落石出的頓悟感，我也終於瞭解這些想法從何而來？我為何有令人百思不解的行為？而一切都在這次的談話中一一解開了。

這次的對談觸及不同層面的事情，不斷衝擊著我舊有的思想，再次讓我感受到靈性世界的博大精深，妙不可言的輪迴運轉。易經老師傳達這些訊息對我而言，十分重要且珍貴，既讓我更明白又深層認識自己。

因為自從會了動物溝通，竟然無意間開啟我許多意想不到天賦能力！原本只想問易經老師：「我在靈性領域有使命在嗎？」其他的沒有特別想發問。但我開始好奇著：「難道！連已經過世的狗小粉，老師也會知道一些脈絡嗎？」

我滿心期待問易經老師：「我想知道我一隻過世的狗的事情。」才說完這一句話後，易經老師隨後竟然道出，一直以來盤旋在我心底的疑問，並證實我心中的疑惑，且深深震撼我的內心，原來我的推敲是真的，不是自己胡思亂想。怪不得上次的動物溝通，小粉叮嚀我不要再胡思亂想，或許小粉不想讓我去追溯並釐清，進而將許多事情串連起來，得知牠悄然無聲下所埋藏的秘密！

易經老師說：「牠是小型犬還在妳身邊，牠為妳擋掉嚴重的車關，而這次車關會讓妳下半身癱瘓。」我聽完之後，內心所疑惑的事情又再次「水落石出」，果然跟我推想的相差不遠。

我神情激動對易經老師道出，藏在內心未被證實的想法：「我一直覺得，小粉是因為我而過世。」

易經老師好奇問：「妳怎麼會知道？」

「當時小粉感冒，我在心裡告訴自己：如果小粉感冒沒有好轉，我預計的行程先取消。然後，獸醫原本診斷的小感冒，卻在短短兩天之內病情直轉急下，變得很嚴重！送去住院不久，半夜就收到通知，『小粉過世了』。我當下的念頭是：『小粉是為了我而犧牲生命』的。」我娓娓道出當時的心境。

我接著語重心長地說：「我回顧並剖析每一個細節，總覺得事有蹊蹺，我一時半刻很難釐清其中的因果關係，但我深深懷疑小粉的死因，跟我脫不了關係，因我去醫院看牠時，我不認為牠會過世。我也問過動物溝通師和當初我的老師，但都沒得到正面回答，總覺得他們言語中是默認卻不明說，我始終無從驗證心中的疑惑。」

我心中夾雜淡淡的憂傷，並接著說：「經由易經老師這麼一說，原來我的直覺不是空穴來風，所有抽絲剝繭的情況也不是憑空捏造，在這一刻終於我知道真相，因為小粉生病，才讓我沒有赴上災難之路，然而牠卻擋了接下來的車關。」

「那妳的直覺也太準了吧！」易經老師一臉詫異。

易經老師也提到：「小粉在靈界是小神差，是個涼缺，過得很好。」竟然與上次的離世溝通的說法，小粉是「使者」兩者意思相差不多。

前世情，今世緣

在過程中，易經老師也告訴我，我與小粉的曾經有一段宿世姻緣。

葉老師說：「小粉個性很念舊，在某一世是妳的老婆。今世，妳是否對小粉有種「長相廝守」的感覺？在日常生活中，妳雖然會叨唸牠不愛吃飼料，但妳還是會一顆一顆親自餵牠吃飼料。」

「妳餵小粉吃飼料的情景，與那一世有雷同之處：老婆病臥在床，妳不厭其煩一口一口餵她吃飯與吃藥，雖然最後還是病逝了。但老婆一直感念著妳，促成今世的緣分。」

的確，我會一顆一顆親自餵牠吃飼料，小粉就算不願意吃，也會看在我給面子上，一顆接著一顆勉強吃下。還有，我對「長相廝守」這四個字也有特別的感覺，讓我想起曾經在社群日記寫過「長相廝守」這一句話，簡直是我與小粉相處十年的心境。

 ## 世界的巧合非偶然，必定有機緣

上文提到：「媽媽說小粉看似在哭。為什麼哭呢？原來這之中隱藏了，等著我去揭示的秘密。」（請參考 P.16。）

小粉在上次的動物溝通中，已經主動提到我們宿世的因緣，但未明確說出身分。當時，我對「輪迴轉世」沒什麼概念，所以不知道從何問起。這次易經老師再度提到彼此的宿世因緣。

小粉在某一世，是我的「結髮妻子」，和上一次的動物溝通師所轉達：小粉是「大管家的身分」，錢跟地都是牠掌管。也就是說：老婆掌管家裡中大小事，包含財富，所以身分更符合了。

自從小粉離開後，玄妙的事件總會發生在下一個轉彎處。在不同的老師口中，說出類似的前世情景，若不是「強而有力」，並一一證實在我的生活中且相呼應著，不然在看待許多事情上，我依舊抱持懷疑的態度。

即使我已是線上接案的動物溝通師，得到的飼主的正面回饋，也確定了自己的實力，但在心中總會不時地懷疑著動物溝通這塊領域，我真的都完全掌握也瞭解了嗎？直到有更多的證實與認可，我才慢慢放下這個念頭，同時深信另一端有我看不見的世界的存在並在運作著。

重生的粉圓 傳承小粉的愛

接班狗

小粉離世前一天 我做了一場神祕的夢 夢見「兩隻吉娃娃幼犬」
我回憶夢境的細節 彷彿身歷其境 背後的意涵？

當時有個小姊姊撿到傻憨憨的粉圓
因找不到飼主開放認養
我幫朋友認養粉圓 當時我妹完全不知情

在同時段妹妹傳訊息給我：
「三歲小孩狂叫小粉的名字 他從未這樣過」
我告訴妹妹：「這麼巧 剛才抱回很像小粉的毛孩」

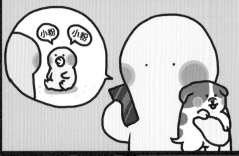

我原本決定終生不再養狗 以為只是巧合 但回憶一切…
或許是小粉在生活設下暗示 我逐漸明白所有「巧合」是「必然」會發生

一年後 獸醫來電：「找到粉圓的原飼主 粉圓已經不見兩次原飼主也放棄找了 願意轉讓給妳」

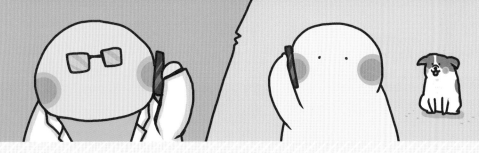

初次見到粉圓時 家門一步不敢踏出
滿二歲才願意出門散步

粉圓三個月大時 幼小身軀穿梭人群車陣間
不知躲避多少危險 竟然走了7公里

簡直不可思議！膽小的粉圓不畏困難 難道是有股力量在指引牠方向嗎？

三個月的粉圓 似乎能聽的懂 我在跟牠說什麼
以前總認為小粉是「無可取代」
但粉圓「無縫接軌」種種跡象彷彿複製了小粉

粉圓第一晚 趁我不注意 尿在我棉被上
我只告訴粉圓一次：「尿尿要去廁所」
而後粉圓竟循小粉模式去廁所尿尿
我如中樂透般狂喜四處分享

粉圓清晨會起來玩耍
我告訴粉圓：這樣會吵到我
粉圓似乎又聽進去 因此慢慢收斂
進化速度飛快 粉圓會趴在一旁等我起床

以前是小粉陪我運動跑操場 沒想到…粉圓也會
粉圓從亂跑 逐漸穩定在我的腳邊跑
這過程的進化 讓我驚嘆連連！

有一次我在看書 粉圓找我玩耍！
我口氣不耐煩的說：「去睡覺」
於是…粉圓趴在我正前方「閉著眼睛微笑 直到打呼」我心想：「這太逗趣！這哪招啊？」

自問：「小粉肉體沒了」那牠的靈魂去哪裡了？」
我找上動物溝通師「一切太偏離現實
小粉再度出現在我的生命中

原來我不是癡人說夢！
我要用自己的能力跟小粉對談！
於是踏上動物溝通師之路 開始能聽見動物的心聲

我問：「粉圓最討厭什麼事？」
我以為粉圓會說：「愛吃的不能吃、獨自在家、
散步不夠久、沒去找狗朋友玩等等」

粉圓的答案出乎意料說：
「我最討厭你幫我撿狗大便」
也太窩心了吧！

粉圓早餐吃一半 跑來問我「我會吃太胖嗎？」
「不會啊！你放心去吃 一點都不胖」
粉圓吃一滴不剩 哪來的小心機
（先得到我的認同 再肆無忌憚的發胖）

粉圓：「朋友覺得你很笨」於是我直問朋友
朋友回：「笨啊！我們為何要繞路」

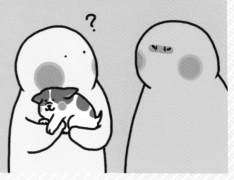

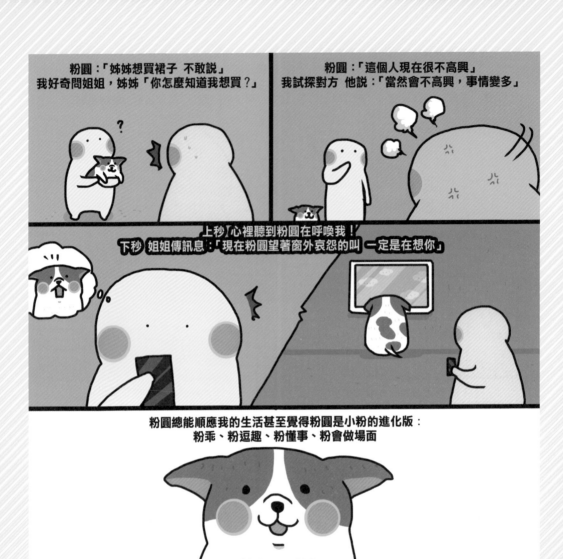

粉圓：「姊姊想買裙子 不敢說」
我好奇問姊姊，姊姊「你怎麼知道我想買？」

粉圓：「這個人現在很不高興」
我試探對方 他說：「當然會不高興，事情變多」

上秒 心裡聽到粉圓在呼喚我！
下秒 姊姊傳訊息：「現在粉圓望著窗外哀怨的叫 一定是在想你」

粉圓總能順應我的生活甚至覺得粉圓是小粉的進化版：
粉乖、粉逗趣、粉懂事、粉會做場面

常會有錯覺 小粉並沒有離開過我 彷彿小粉依然在我身邊 活在我的心中
如當初的夢似乎告訴我 粉圓跟小粉集於一身 用另外一種方式陪伴我

不是我在粉圓的身上找小粉的影子
而我知道這一切是最好的安排
粉圓傳承小粉所有的優點 加上愛笑活潑的個性
剛好互補我的沉穩安靜

如果靈魂約定好要在一起 我們會找到辦法找回彼此 我、小粉、粉圓都是如此
那你呢？是否勾起屬於你的獨特故事呢？

重生的粉圓傳承小粉的愛來到我身邊 指派粉圓繼續創造不同的故事

世俗的缺點逆轉成動物溝通的優勢

 **以前，我常被數落的個性特質，
全部成為—動物溝通的優勢**

　　我的個性像隱士般，有獨特的存在感與孤傲感！我外表看似隨和，但是我很明白自己不是一個好相處的人，骨子裡有許多個人主義與躁動。

　　猶記得小時候常被長輩碎唸：我行我素、內向安靜。我總抱持隨遇而安的態度面對，看似聽進去師長的糾正，但內心卻在反叛；也常被師長們將我的個性拿來大做文章甚至刁難，那時的我無力反抗只能接受，但這些卻藏在心裡面從未忘記過；現在的我，清楚知道這一切都是過程，只是在磨練著我的心性，讓自己在往後日子裡，各方面能變得更加成熟及內心強大，不易不堪一擊。

　　而在資訊爆炸的時代中，我無意中讀了一篇文章〈高敏感是一種天賦〉，裡面的內容引起我的共鳴，其中有一頁提供讀者們做測驗，測自己是否有高敏感族群跡象，測完後我才明白，原來我的高敏感狀況，無形中困擾著我。高敏感像是雙面刃，若是能將高敏感特質發展成自己的優勢，將成為天賦能力。若發展的不好，可能會造成自己神經錯亂及情緒不穩定，進而引發精神疾病。

　　科學家研究過「高敏感族群的人」，他們的鏡像神經元比一般人活躍，甚至可以光看照片就連結到照片中主角的一些訊息。因為「天生感官處理器」優於常人，甚至更為敏銳，所以能接收到一般人收不到的訊息。簡單的說，他們的感受雷達特別靈敏，可以輕易的感知到別人的想法，對於周遭人的情緒或氛圍特別容易產生共感。相對的，感受雷達也會收到雜訊，或負面情緒，讓自己的腦袋陷入一片混亂，甚至分不清這些情緒是自己的，或他人的？

這個概念很類似動物溝通的運作，所以動物溝通師的鏡像神經元、內外感官靈敏度比一般人活躍，大腦常常處於高速運轉的狀態，能高效處理及接收來自四面八方的訊息，並輸出成自己所要傳達的資訊。

高敏感族群的人也不喜歡社交活動，對於聲音十分敏銳，比一般人更需要自我獨處的時間，並進行心情沉澱。高敏感的人如果規律且定期運動，可以讓自己的神經系統更加穩定。

強化自我的生命旅程

生命就像一艘剛出航的小船，任誰都無法預料下一刻會遇到風平浪靜，還是驚濤駭浪？在命運巧妙的安排下，讓我在球隊中生活長大，從國小到大學都在校舍裡住宿，所有的生活起居都須跟著球隊，根本不可能有獨處的時間，但是周而復始的運動操練，可以穩定腦神經。我現在常在想：當初若沒有參加球隊，我的狀態應該會很失控，個性更加古怪，且難以融入團體，無法像現在這麼穩定。

處於球隊的團體生活中，接受嚴酷軍事化的教育。教練們高強度的訓練球技及高壓管理秩序；學姐學妹們嚴格的階級制度；團體內的氛圍以延續傳統球隊紀律著稱，塑造出一股權威式的聽從，不能有自己的想法跟做法。我一路以來的成長環境充斥著權威式教育，有命令即得服從，不能有一絲反抗，我過著只能說「Yes」不能說「No」的生活。

因為自己高敏感的特質，所以對周圍環境或是他人的情緒，總能敏銳地接收到訊息，進而干擾我的神經腦波，讓我的情緒受影響，造成心情低落或煩躁，這些狀況讓我深受其擾，還有自身習慣獨處，使得狀況雪上加霜，更難以適應團體生活。但從我的外表完全看不出來，我總是一副不受影響的樣子。其實，在我的潛意識裡為了生存，早發展出一套「人際遁身術」，儘量降低與他人之間的互動，避免因自身的高敏感個性，導致產生心煩意亂的情緒而鑽牛角尖，讓身心俱疲。

我為了適應團體生活，關閉所有的內在感官，對於外界不管是好的或是壞的感受，我一律不接收，切斷一切與外界的連結。往後的我，慢慢變得更壓抑並隱

藏自己真實的感受，也開始失去表達情緒的能力。關於情感方面也慢慢疏離，只為了不讓自己有任何感覺，完全孤立自我。

所以在學生時代，老師常說我心不在焉，看起來恍惚沒融入當下的狀況，這讓我在球隊裡，常常被罵得狗血淋頭，甚至被師長排擠。回憶當初，我並不是刻意去營造自己的風格，而是一種來自潛意識的「防衛機制」，讓我本能的想保護自己，也因此影響了我的行事風格。

即使後來脫離學生身分進入職場，我的行為風格依然沒有改變，已成慣性反應，這讓我有更多的機會，可以躲起來獨處；也讓我在職場上面對任何事，經常以「理性」為依歸；以「目標」為重點，對所有的人事物，都沒有太多的情感連結。因為處在這樣的成長背景，讓我對生活中的大小事也越來越麻木，越來越無所謂。最常聽到他人對我的評論是：「冷酷無情。」但我似乎也不在乎別人怎麼評價我。

獨立又高敏感度的靈魂成為與毛小孩溝通的優勢

我感覺這一切都是命運的安排，從現在回顧過往，我發現這一路的成長背景，一直到小粉過世，我都是潛藏靜默，並等待假以時日成就動物溝通的領域。我常常閉上眼睛進行腦波轉換，這樣就可以進入奇妙的世界，收到來自四面八方的訊息，或毛小孩的訊息，雖然我表面上看起來，總是一副泰若自然的模樣，但其實在我的內心，早已是千頭萬緒，忙著處裡外來的資料並且消化完畢。

人生總是充滿著無法解釋的意外。以前的我，常與外界設下密不透風的界線，把「自己」藏到深不見底的地方，深到連我都騙過自己，從不覺得自己有什麼問題，更不可能踏入身心靈的領域。關鍵就在小粉，祂的愛像是一把鑰匙，轉動我的世界，讓我重新用「心」去感受生命，並帶領我踏入「身心靈」的領域，啟動我的天賦能力，讓我能在靈性的領域從善，並幫助需要的生命。

拿回你的天賦潛能

你相信自己的潛能是無限的嗎？

生活中的靈機一動 以及人事物觸動你的心緒

這些種種跡象都是在翻閱潛意識的資料庫

每個人有屬於自己的「靈魂全書系列」

是由累生累世的靈魂所構成

一本本上架在你的潛意識裡

與未來交織在一起並且不斷記錄

前世與今生是一股能量流動

能找到天賦的源頭 使靈魂更進化

透過動物溝通看見自己的改變

開始接動物溝通個案時，讓我感到最不可思議是：我的生活充滿了無法言喻的「靈魂驅動力」。每個想法都連結著靈魂深處的智慧、活出靈魂的渴望，也讓我的生命有一連串驚人的轉變。

我發現，每一個個案都是我生命中的投射，豐富著我的人生觀。當聆聽他人的故事，且以別人的生活經驗作為借鏡時，讓我體驗到什麼是「業力吸引力法則」。當我在近期生活上遇到一些事件，此時來的個案都會對應到我生活上「現況的關聯性」，剛開始會覺得是巧合，後來才明白這些都不是巧合，而是業力吸引力法則。

動物溝通是從「心」的溝通，並深入開啟一場有溫度的對話，每一位個案來到我的面前，都帶著一個「人生的隱喻」，同時我也會進行「隱喻式的自我對話」。當我在回答個案問題的當下，我發現同時也是在回答自己的問題，而且更能夠切中自己問題的核心，也在無意間看見另一個思維的切入方向，讓我能重新思考問題外，也有更多勇氣面對自我內心的聲音，以及能進一步瞭解自己，並看見自己的缺失。每個生命的相遇，都帶著相對應的課題，讓我們能相互學習和成長，就如同我跟個案，不能單方面依照自己感覺直接下評斷，而是要經過每一次的溝通，就能多瞭解一個生命及學習一件事情。

生命總是以不同形式給予我們回饋，同時也是在提醒自己在生命的運作裡，許多事情已經超過我們的理解範圍，唯一能做得就是「活在當下，用心體會」，每個事件帶給自己啟發是什麼？願意做什麼改變？改變過後的自己是否更好？

後來我也慢慢懂了，市面上關於毛小孩的書籍或電影，作者是在什麼心境下，寫下這些文章。以前總認為這些內容是虛構不實的創作，當下看並沒有任何的感覺。自從開始做個案後，當我在生活中無意間看見這些作品時，就會不由自主產生深沉的共鳴，讓我回憶起曾經進行動物溝通的經歷，並觸動內心深處，且不自覺的沉浸於其中的情境。

所以我開始關注這些作者，每當看到他們的新作品時，都會讓我為之驚豔，因為許多觀點都和我有雷同處，這一瞬間產生的強烈心靈共鳴，讓我內心突然有

種不孤單的感覺，原來也有人跟我一樣想著同一件事情，只是呈現的方式不一樣。

　　動物溝通的領域，對我而言挑戰性極高，甚至是不可能的任務。因為以前我的個性是：缺乏機智靈敏，只做有把握的事情；對他人的反應遲鈍，常常詞窮的不知所云，只因為在腦海中千頭萬緒，不知從何表達。

　　溝通本是一門說話的藝術，然而，在每一次的溝通中，有太多不可掌握的變數，像是我不知道飼主會提出什麼問題、我不知道毛小孩的生活背景、不知道毛小孩會丟出什麼話題，或是我該如何詮釋毛小孩的心聲，讓飼主能理解和接受，進而達到雙向溝通，願意改變並幫助到彼此……等眾多變數。

　　這些變數考驗著我的應對能力，只要牽扯到複雜的情感部分，或表達意願極低的毛小孩，溝通過程就會更加錯綜複雜，迫使我要不斷精進自己的「讀心能力」，我需要練就瞬間能捕捉毛小孩的細微情緒，再從情緒中去抽絲剝繭牠們的心理狀態，再瞬間的覺察並解讀背後所代表的含意，才能更進一步精確的表達雙方情感，讓雙方都能理解。

　　每當充分的解讀完訊息時，有些案例，會隱約出現更深一層的訊息等著我去解讀，讀與不讀都在我的選擇中。當毛小孩猶豫說或不說時，會在牠們意識和潛意識這兩者擺盪的瞬間，讓許多被隱藏的答案呼之欲出。所以，動物溝通師可以慢慢引導，設計出讓毛小孩能自然說出口的答案，例如，可透過相關事件話題，來挖掘重要的線索。

　　這些都是考驗動物溝通師是否有捕捉毛小孩情緒的能力，以及是否能更深一層的覺察毛小孩藏在心底的事情，如此才能完成一場有意義的動物溝通。而這類型的學習是永無止盡，同時讓我開啟更開闊的視野。在每次的個案中，我覺察著不同事件來到面前時，該如何去看待及耐住性子學習。所以在每一次溝通結束後，我都心存感激，感激每位個案來到我的面前，激發我更多不同角度的思維模式。

　　經由每一位溝通個案經驗的堆疊，我慢慢找回自己的天賦潛能！讓我回想起易經老師曾說過：「妳將會從事有關大眾發言的事務，發揮妳的口才能力，影響他人。」當時我聽完這句話，我立即反駁老師：「怎麼可能！我不擅長說話，而且有人群恐懼症，不可能在大眾前發言！」

　　「機緣未到。」易經老師笑笑的說。

拿回你的力量，記得你是誰，實現天賦潛能

　　這世界帶給我的衝擊感，至今仍讓我覺得無遠弗屆及不可思議。我從來沒想過，自己會「寫書、出書」，這是否也是另一種「大眾發言」的方式？隨著時間不斷的推移，同時也驗證了易經老師當初說的。

　　我從小到大都是學校的體育校隊，生活是以練球至上，學業為輔，因此學科成績經常一塌糊塗，要我寫出引人入勝的文章，其實是有困難度。但，人生總是高潮迭起，不到最後一刻，勿先下定論，或許有可能將以黑馬姿態殺出重圍。在某一天清晨，我的腦袋像是被接通了線路，有一股源源不絕的靈感在腦中流動，促使我振筆疾書，每天寫的內容沒有既定的主題，全照著靈感的引導去隨性的發揮，但是寫出來的東西，每每讓我覺得不可思議，彷彿有一股力量在引導我。

　　透過在每次寫書的過程中，我不斷釐清自己的思緒，讓內心能沉澱，使個性更沉穩，我同時也驚訝地發現，在不同時空裡有許多事情的脈絡開始串起。我時常寫到渾然忘我，甚至晚上睡到一半時，腦海裡會有一股聲音，召喚我起來繼續寫，從黑夜寫到白天，再從白天寫到黑夜。有時也感到訝異，自己竟然能寫出這些文章，而這一切都像是奇蹟般的發生了，也完全超出我的理解範圍，但這何嘗不是一種潛能開發呢？你相信自己的潛能是無限的嗎？在這一刻，我確實看到自己的天賦潛能。

　　但我也開始思索為什麼會有這些奇蹟似的變化？此時，我腦中突然閃過一個念頭。之前提到的「易經──葉老師」，他在靈性領域對我影響甚遠。當時易經老師看了我七世轉世輪迴，但在這之前，我從未想窺探自己的前世今生，這真是意外的收穫！而這七世竟然與我今世所做的事情都有關聯，這結果讓我驚呼連連。

　　隨著歲月的歷練及沉澱，我得到一個心得：知道自己的前世與今生是一股能量的流動！也能找到自己的天賦源頭，並發現前世獨特的個性會影響今世的個性，這一切都是息息相關的。「知道過去能改變現在，而現在能改變未來」，以前不是很能理解這句話，現在卻慢慢覺得這句話越來越耐人尋味。

　　易經老師說：「妳的靈魂務必讓妳知道，我很少看這麼多前世，而我通常不會這麼做，因為很耗能量。」我能理解，因為在動物溝通裡也常發生類似的事情。

易經老師說：「妳這七世的輪迴角色，清一色都是男生，其中有一世是文官，專門在運輸圖畫做交流。而妳這一世有考公家機關的機緣，也可以從事圖畫相關事業。」

而上述所提的，在我生活中的確有相互呼應，例如：出社會後，曾經準備考體育資格老師，但因為讀書底子太差了，最後放棄。後來，研發一套遊戲圖卡，才讓我事業版圖越擴越大。還有提到七世都是男生，我也常常覺得自己的軀殼裡裝著男兒魂的女漢子。

其實在我們的潛意識裡有「無數個我」，而前面提到潛意識裡記載著累世靈魂的記憶，所以現在的我可能在展現不同面貌的角色。舉例來說：我有一世是體育選手，這一世又當了體育選手；有一世教村莊的人種菜維生，這一世也以教學維生；有一世是將軍，造就今世又進入權威式教育；有三世是修行者，所以今世三言兩句離不開人生智慧，不然就選擇安靜，也喜歡獨處，造就今世我孤僻的個性；有一世是小粉的伴侶，讓我踏入靈性的領域。這七世的輪迴，都不是刻意問的，都是無意間透露出來的。

所以我這一世是累世的混合版，所以我在寫作的時候可能發揮了，「文官」的飽讀詩書、「修行者」的生命智慧、「體育選手」的好強衝勁、「將軍」的不輕易認輸、「小粉的伴侶」造就此生緣分。在潛意識裡遇見靈魂深處的「那個我」，這是一種強大的喚醒，憶起靈魂深處的每個自己。

每個人都有屬於自己的「靈魂全書系列」，是由累生累世靈魂所構成，一本本上架在你的潛意識裡，並與未來交織在一起，且不斷記錄著。因此，就算肉體消失了，靈魂會在投生另一個肉體並延續靈魂能量、使靈魂更進化的演化。

生活中的靈機一動，以及身旁人事物觸動著你的心緒，這種種的跡象都是在翻閱潛意識的資料，差別在於我們是否能覺察到。這些也很類似動物溝通過程中的操作，我們是否能把收到的訊息捕捉下來，成為依據。

我越來越相信靈魂深處所浮現的天賦潛能，能讓自己展現不同的面貌。我從一個不喜歡與外界接觸的人，開始慢慢地接案子，個性也慢慢地轉變。我越來越能適應不斷變動的生活節奏，也逐漸放下對生活的控制感，完全顛覆我以前的行事風格。許久未見的朋友，以「判若兩人」來形容我的轉變。

毛小孩－愛的超能力

縱觀動物其一生

究竟「為何而來、為何而生、為何而死、為何再來」

是一趟耐人尋味－生命之愛的旅程

動物看似「無所作為」卻又「有所作為」

即可「創造生活」

無形中運用「愛」感召宇宙的力量

再迴旋到彼此的日常 讓生活起了變化

毛小孩相處這麼久了，
原來有些真相人類從未真正察覺

毛小孩看似「無所作為」卻又「有所作為」。牠們也有能力「創造生活」，會在無形中運用「愛」感召宇宙的力量，再迴旋到彼此的日常，讓生活產生變化。這是一般人難以想像或百思不得其解，但卻又真實存在的事件，也或許只能透過動物溝通師這類型的媒介才能得知箇中奧妙。

而毛小孩與生俱來的超能力，為擁有超強的敏銳度，能洞察事物的變化，包含毛小孩能預知飼主正在返家路途中，而趴在門口等待飼主回到家並熱烈迎接。但「預知」只是毛小孩眾多能力之一，科學家對於毛小孩的特殊能力進行許多學術研究，在網路上也有諸多資料，爭相報導動物的「超感知能力」。科學家認為人類目前觀察到毛小孩的「預知能力」，只不過是冰山一角，其中還有許多神乎其技，甚至令人拍案叫絕的現象，始終在挑戰著科學界能解釋的極限。

科學家的案例數據庫顯示：動物有極強的預知能力，若以樣本五千件，這當中就有兩百三十九件，能預知到飼主的死亡或有重大事故。如果飼主正在遇難，就會發現動物一反常態，表現出類似哭訴的哀嚎聲音。

科學家研究的報告中也提到，動物對「量子能量」的變化極度敏銳，像是海嘯、地震、龍捲風等災難，正在發酵準備引起巨大變化時，起初量子能量變化十分細微，細微到科學儀器難以測量，但動物們卻能很快地接收到當中細微的變化，與即將發生的巨大災難。

但在此強調，並不是全部的毛小孩都具備超強的感應能力，這也會隨著毛小孩的靈覺力而有所落差。毛小孩靈覺力越高，能感知的範圍會越廣，反之亦然。

有些動物能在過去式、現在式、未來式，
預知不尋常的變化。

過去式：毛小孩知道彼此的前世緣分，或清楚知道來到飼主身邊是有「使命」

的，例如：在溝通時，毛小孩會主動提起，彼此的前世關係（請參考 P.174，宿世情緣一呸呸）；或提起使命（請參考 P.179，穿越時空遇見你─ HERO）。

現在式：毛小孩像是會讀心術般，能輕而易舉得知飼主內心的變化。例如：每次要帶毛小孩去看醫生時，毛小孩像是可提前感知到而躲起來，或是能說出飼主從未開口說過的心事，這也是一般最常見的狀況（請參考 P.106，璀璨的靈魂戰士─ Angel）。

未來式：能感應到飼主未來的災難，甚至是死亡。例如：動物突然出意外，讓飼主未赴上災難或死亡班車（請參考 P.122，永生難忘悲壯的愛─豆漿）。

現今科學研究的文獻中，發現在睡夢中可以連結到另一個次元，而毛小孩常常花很多時間在睡夢中，因藉由似睡非睡的狀態，可轉換腦波並通往潛能狀態，再連結宇宙意識，發揮不可思議的探索或預知能力。

新時代思想所云：「信念創造實相。」毛小孩把這句話發揮的淋漓盡致，啟動天地之間的力量，牠們會盡其所能的創造出想要的結果。有人說：「當你真心渴望某件事，整個宇宙都會聯合起來幫助你完成。」而這兩句話就是動物的最佳寫照。不管你是否相信，這些內容全部都是親身經歷，我仍然記錄在書中，挑戰著世人的眼光。

我即使記錄下來，但在內心深處，我為了證實自己的想法，我都會再進一步求證是否有相關資料可以佐證，所以我會找資料做比對。同時也發現，我的所思所想，在世界上的其它角落，也曾發生過相同的事件。網路或書籍記載著無數相關的實例，而這些事件依然每天在上演，只不過是舊事重提，核心概念沒變。

以下的內容，如果你是科學派的信奉者，你不需要照單全收，但你可以選擇用全新的視野，看待世界的奧妙之處，發展不同的觀點。留心觀察這些事情正在世界上發生，或者，早已發生被流傳在人間。

我縱觀小粉其一生，究竟「為何而來、為何而生、為何而死、為何再來」？這從相遇到離別的過程曲曲折折，是一趟耐人尋味「生命之愛的旅程」。讓我靈感湧現並寫出一系列文章，關於毛小孩來到每個飼主的身邊，心靈再度產生聯繫，且有不同的使命在身，共同完成彼此生命的藍圖。

CHAPTER

02

療癒之愛系列

SERIES OF HEALING LOVE

療癒之愛

彼此情感緊密的連結，　牽動彼此的一思一緒
全心全意毫無偏見地，　愛著每顆已受傷的心
日常生活簡單小幸福，　點滴滲透你封閉的心
輕輕溫柔無聲的陪伴，　此時勝過於千言萬語
潛移默化改變你內心，　總能療癒心中的傷痕

你有想過嗎？你的毛小孩這一生，
可能是為了療癒你而來的嗎？

我稱之為「療癒之愛」，是因為毛小孩是上天賜給人類最美的禮物，牠們是四腳毛茸茸的小天使，以真誠無辜的可愛模樣，給予人類全心全意的愛，且毫無偏見的去愛著每顆受傷的心。

毛小孩如何療癒人心呢？毛小孩能夠療癒人心，已逐漸獲得科學不斷地研究與實證，且引起大家的討論與媒體爭相報導，甚至延伸出「治療犬」的名詞。

許多生病的成因，往往是生活中的壓力無法釋放，而累積下來的負能量所導致。反之，療癒的正能量也是點滴累積，並讓病情逐漸好轉。毛小孩讓人類不知不覺卸下心防，用愛闖入我們的內心，默默帶給人類許多生理及心理上的益處，給予人類正向的幫助，這就是毛小孩帶給人類「療癒的魔力」。

毛小孩愛的攻略，人類不知不覺陷入「愛的坑」

毛小孩愛的魔力，能讓你毫無防備地卸下面具，發自內心的流露出笑容，彼此間任由情感自由的流動，單純的同在，而沒有複雜思緒的干擾；為你的生活增添許多歡樂及幸福的時光！只要觀察著毛小孩的生活日常，看著牠們吃飽喝足的模樣，心中就會產生一股莫名幸福感；看著牠們沉睡的臉龐，世界在此時彷彿被按下了暫停鍵，讓此刻的自己感受到內心的平靜及美好；牠們清澈的眼神帶著天真無邪外，還充滿著無盡的情感，牠們眼裡的世界只有你。加上牠們的舉手投足都令人目不轉睛，可愛療癒的樣子都盡收我們眼底。

簡單的小幸福，在日常生活裡一點一滴滲透你的內心，無聲無息地改變你緊繃的內心狀態，一切的煩惱瞬間消失的無影無蹤，也療癒及撫平生活中許多的不如意，無形中，療癒就在此刻默默的發生了。

毛小孩有各式各樣的療癒方法，像是會陪你耍廢、放空或陪你哭、陪你笑、陪你愛，甚至在失戀時，陪著你傷心難過，並在心裡偷偷臭罵你的情人，再用肢體語言告訴你：「不要哭了，如果你傷心，我會更傷心，我會陪著你度過低潮。回頭看看我，我一直都在。」

生命基本需求愛與被愛

每個人都需要「愛與被愛」，也渴望有溫度的相伴。前者讓自己感受到有能力付出也是一種幸福；後者則讓自己感受到存在的價值，並領受生命的美好，這其中的付出，也包含學習如何付出無私的愛。

因人類彼此間容易上演「相愛相殺」的戲碼，最終落得心力交瘁收拾殘局，演變成現在的趨勢走向「毛小孩伴侶」的模式，讓不同個性的毛小孩，可以一次滿足人類的「被愛與愛」。

即使毛小孩的壽命約十年左右，不足以陪伴我們一生，但在有限的日子裡，牠們會毫無疑問地愛著你、用包容的心守候著你，讓你感受到「深深被愛」的幸福，甚至能感受到自己的存在和重要性，這一切是如此的美好，且能毫無來由地萌生與世無爭的寧靜感。

愛是沒有理由的，但相愛容易相處難。生活是一體兩面，有美好相愛的一面，也會有現實相處的一面，兩者都需要兼顧不可或缺。生活本是一場磨練與修行，不斷在日常裡出現，且無時無刻焠鍊和提升我們和毛小孩，所以我們彼此必須學習磨合，雙方的相處才能達到平衡。且毛小孩也在指引著我們如何付出無私的愛，而不是不停抱怨、吝於付出，忘記彼此帶來的美好。

等待救贖的靈魂－豆漿

愛是什麼？

為什麼說變就變？

在我眼中禁不起考驗的愛，都是虛假的愛

但，妳只是忘記要愛我了………

這次是我的第一個個案，所以先找認識的人試試看，而這讓我真正見識到動物溝通的珍貴存在與意義。

我認識豆漿將近十年，在我印象中牠的類型是「快樂天兵少根筋」，睡飽又吃好，對於許多事情總是一副傻呼呼地樣子。但是當我連結到豆漿，卻感受到一股濃厚的悲傷，如瀑布般傾瀉而下，這股瞬間的

我小時候，媽媽很愛我。

悲傷帶給我極大的生命震撼教育，完全推翻我原本對豆漿的認知。我當下立即體悟到，我們應「穿透事物的表象，洞察隱藏在背後的真相」。因我們人類太習慣只看表面而產生錯覺，我又何嘗不是如此呢！

在豆漿的內心深處，暗藏洶湧的悲傷及無奈，牠的情緒瞬間，且如無預警的海嘯般席捲而來，牠用濃濃的悲傷口吻訴說著：「我記得小時候，媽媽總是細心呵護我，常常會訂鬧鐘，把飼料泡軟餵我吃。每次當我聽到鬧鐘聲，總會很興奮地抓著媽媽的床，迫不及待看著媽媽幫我準備飼料。但是，媽媽自從有了小孩，開始對我各種的忽略，因此我總是動作很大或是表現的很激動，想讓媽媽看見我，但是媽媽總是閃躲且視而不見。」

而日子久了，豆漿慢慢瞭解媽媽因為愧疚而逃避與自己的眼神交會，甚至選擇對豆漿的所有舉動麻木不仁。豆漿心裡明白媽媽不願意面對彼此目前相處的處境，於是不再掙扎了，別無選擇的牠只能逆來順受；也只能在傷感苦悶中靜靜地等待；牠更時常癡癡望著媽媽，盼望有一天能喚醒媽媽對牠的愛。牠整整等了十年，鮮豔的毛色都已褪去，終於盼到這次的機會。

豆漿不斷地抱怨媽媽這些年來的對待，在一旁的我想著要如何把傷害降到最低，所以我轉達豆漿的每一句話，我都選擇含蓄表達，讓媽媽自行串聯，進而說出內心話。但媽媽的情緒也和豆漿一樣波濤洶湧且無法停止，情緒潰堤且泣不成聲對豆漿哭訴著：「我不是故意的，其實這一切的狀況我都知道，而我也知道自己不斷地逃避你。這十年所虧欠你的，我終於可以在此刻鼓起勇氣正視你了。」

而當下的我，對媽媽的反應感到意外，這一切是我始料未及的，我原本預想的是一場搞笑逗趣的場面，萬萬沒想到媽媽與豆漿的反應打破我原本對他們的印象，這一場動物溝通正上演著扣人心弦的情節。

　　這一刻，我的內心也種下一顆信念種子，「動物溝通」絕非像字面上短短四字如此簡單，更是一股強大的「靈魂覺醒」。

　　此時，豆漿看見媽媽哭到傷心欲絕而中斷溝通。過了一會兒，豆漿才對我說：「妳必須答應我，不再讓我媽媽傷心，我才有辦法繼續下去。」

　　我把此事轉述給媽媽聽，媽媽收起情緒後，豆漿才接著說：「雖然妳一直忽視我，但是我不怪妳，因為我知道妳沒有勇氣面對我，但我心甘情願的守護著妳。媽媽，當妳流下眼淚的那一刻，我知道我的等待沒有白費了，謝謝妳！終於願意面對我了。」

　　豆漿的每字每句，聲聲呼喚著媽媽，也喚醒了媽媽對豆漿的愛。媽媽對豆漿的愛，已埋藏在內心十年了。媽媽在此刻，聲淚俱下地說：「豆漿，對不……對不起，我知道錯了，我再也不會忽視你了。」

　　豆漿體諒媽媽且柔情柔語地說：「媽媽曾經愛過我、也疼惜過我，只是媽媽突然變得忙碌，而逐漸遺忘我了。我勇敢的告訴自己，我一定要活下來，我相信：『有一天，媽媽終究會看見我。』如果我在媽媽還沒看見我時就離開，媽媽一定永遠都不會原諒自己，並自責為什麼當初選擇如此對我。我不希望到最後我沒有為媽媽帶來什麼，卻為她帶來一輩子的逃避與遺忘，這並不是我想要的。」豆漿曾經有一段與病魔抗戰的日子，也讓牠差點喪命，但牠很勇敢的挺過那一段日子。

謝謝媽媽讓我參與妳的生活點滴。

　　經過一年半後，媽媽跟豆漿的生活和以往大不相同，豆漿不再被關在獨自的空間，牠開始有家庭生活，能自由在家裡走動，跟家人一起睡覺、吃飯、從事休閒活動，時常和家人去露營，也曾經去毛小孩遊樂場留下美好的回憶。

　　豆漿彌留之際，全家到齊陪伴著豆漿，媽媽雖然心痛不已卻強忍著淚水，那

不時的啜泣變成持續不斷的低聲哭泣，她輕輕撫摸著豆漿的毛髮，柔聲說道：「豆漿謝謝你的勇敢，曾經來到我們的身邊，很開心曾經有你，放心的走，去當個快樂小天使。」

溝通師心得

　　每一隻毛小孩都有自己的故事，就像人類也有屬於自己的故事一樣，走進彼此生命裡面，交織成生命中最重要的片段，把牠們當作家人看待，善盡責任照顧毛小孩直到最後一刻，讓牠們一生沒有遺憾的離開你，並給予你最深的祝福。

　　後續我深深思索，如果沒有透過這次動物溝通，豆漿的心酸史或許不會有機會被聽見，而媽媽或許會選擇繼續封存對豆漿的愛，不願鼓起勇氣面對心中不敢碰觸的痛，最後的結局是不是也會不一樣呢？

　　溝通之後的反思，我曾經一度認為，是我救了豆漿，救贖一條「無助的靈魂」，後來我才深深明白原來這一切，我只不過是畫龍點睛的角色，後續還是需要媽媽的覺醒，與豆漿勇敢地挺過這一切的毅力，以及內在深處能看見彼此，並真實的擁抱雙方，讓未來日子裡不再是逃避與麻木的面對。

瞬間成為永恆

我只是逆向思考 不是傻
每一次等待都是隱隱作痛
我試著點滴喚醒你曾經對我的寵愛
就像喚醒彼此靈魂再次相遇的契機
如果這一生錯過了
再回首需穿越千年尋找你的蹤跡

收錄飼主親筆回饋
── 溝通後的生活改變或感想

✓ QUESTIONS 01 ：溝通過程，讓妳覺得不可思議的事情？

　　動物溝通就像一把打開心門的鑰匙，現在憶起當初，仍然覺得不可思議，因為動物溝通師每轉達一次豆漿內心的話，我的內心也隨之打開一道又一道緊鎖的心門。

✓ QUESTIONS 02 ：溝通過程，讓妳覺得難忘的事情？

　　原本我是個「科學鐵齒人」，不相信關於動物溝通的領域，認為動物身體健康，牠們不會說話，應該不可能有複雜的感受。

　　當時我認為，豆漿不能造成我的麻煩，生活上蠟燭兩頭燒，已經無法分身乏術再照顧豆漿，於是把豆漿託付給長輩照顧。現在的我，看到過往的自己不願意面對豆漿的存在，因為害怕豆漿用渴望的眼神看著我，而我卻無法再給豆漿相對應的愛。

✓ QUESTIONS 03 ：溝通過後，妳與毛小孩有什麼改變？

　　即使有再多錢，也買不到快樂；即使房子再大，也裝不了內心美好的寧靜；即使車子再好，也不如溜狗時獲得的美好笑容，放下庸庸碌碌的人事，去感受身邊的美好，是我在動物溝通中學到的！

戰略思想家－點點

超越理性的愛

是由理性與感性交織而成

敞開心胸讓愛自然的流動

通往更高層次的生活方式

家不是講道理的地方　而是講愛的地方

是一種感情交流　能譜出『愛的旋律』

這次的動物溝通在毛小孩身上學到一招孫子兵法「攻其不備，出其不意，以弱勝強」有時候真相不是重點，而是如何設局創造出雙贏的局面。

這場溝通的主角點點，早已充分做好準備來應對這場溝通，牠運用「避實而擊虛」來應對媽媽。點點先「裝傻充愣」等待時機成熟進而開啟重要話題，善用謀略取勝，漸進式攻破媽媽的心防。

整場的溝通，一開始我與媽媽都摸不著頭緒，到最後我們才如「驚醒夢中人」般的恍然大悟，原來我們早已在點點所設下的圈套裡面，到結局才深刻明白點點的真實用意。

點點的態度十分友善溫和，一開口便疑惑地告訴我：「我不知道今天要做動物溝通，媽咪沒有告訴我，而且我不能隨便跟陌生人講話。」

媽媽的確忘記告訴點點這次的動物溝通，她隨之儘快補上並告訴點點。

點點收到媽媽的訊息後，再度用悠悠然地口氣：「可是，我不知道要說些什麼？」

這也是點點的戰略之一，先讓媽媽相信動物溝通再裝傻，掌握情勢後再進攻。點點根本是個「狠角色」。

點點又接著說：「媽咪覺得我有點吵又神經質。」

「點點不是『有點』而已，而且是『十分』難相處。」媽媽加強語氣，道出心聲。

這反映出媽媽在現實生活中，對於家人的一舉一動過度在乎與管控。然而媽媽卻自己親口說出，這樣的互動是「十分難相處」。媽媽在這一刻，其實已經跳入點點的圈套裡了。

點點繼續裝無辜並緊接著說：「媽咪總是要控制我的飲食，這讓我覺得沮喪，但媽咪自以為這樣對我很好。但是，妳有想過我的感受嗎？」

我想這是每位飼主幾乎都會遇到的狀況，大多都會用理所當然的口吻說：「不能吃人類的食物、吃飽才可以吃零食、這都是為了寶貝的健康等。」而媽媽也面臨到相同的狀況。

點點此時再次出擊說：「身為一隻狗，能做得事情已經少的可憐了，媽咪還要管制我，這也不行、那也不行，根本都不為我著想。如果我們交換身分，妳就會知道我的處境有多難受了！」

媽媽聽完點點的心聲告訴我：「其實我不太會管我們家的點點。」

點點已經察覺到媽媽發現不對勁，趕緊加快腳步執行已策劃好的計畫，牠接著說：「我早就適應媽咪每天的生活節奏，我也認了！但媽咪總是要管這麼多，我有我的思想，妳從來沒有尊重過我！」

我內心驚呼點點所說的每一句話，但是每隻毛小孩的命運也是如此啊！都是由飼主來決定。

毛小孩點出了媽媽平常的思維習慣，總是一副理直氣壯，得理不饒人的樣子，而忘記換位思考的重要性。

媽媽聽完點點這番話，很敏銳地發現其中的不對勁，反問我：「我確認一下當初給妳的照片，我是否有給對照片？點點的一番言談，比較像我和人類兒子的相處方式。」

當時我完全在狀況外，還回答媽媽：「照片是一隻吉娃娃沒有錯，這些話的確都是點點說出來的。」

媽媽想一探究竟，弄個明白，於是我們繼續往下溝通。

前半段是點點掌握話題的節奏，而現在媽媽首次提出問題：「為什麼在洗澡的時候，你總是想盡辦法要咬媽咪，是有哪裡覺得不舒服嗎？」

點點話中帶著許多涵義而不點破，巧妙地回答：「媽咪的管教讓我在生活中，逐漸累積下來的不服氣！我想要讓媽咪知道：『妳有妳的情緒，我也有我的情緒在。』」

「那我到底該怎麼做，你會覺得比較好呢？」媽媽想改善彼此的互動狀況，進而問著點點。

「不要再管了，可以放手嗎？換另一種生活方式。如果妳答應不要再管，我也會願意改變我的態度。媽咪改我就改；媽咪不改，狀況就會持續僵持著。」

此時媽媽再次掉入點點的層層圈套，似乎道出媽媽在生活中苦悶的心聲：「我到底該怎麼做？」也反映出媽媽想改變親子狀況卻不得其門而入。

媽媽沒有說話，顯然正在思考點點說的話，於是點點趁勝追擊說：「爸爸偷偷餵我吃食物，是一種感情交流『愛的旋律』。媽咪妳知道嗎？在那一刻我跟爸爸有多麼幸福快樂呢！媽咪能感覺到這些細微的情緒嗎？妳從來都不知道！」

在中間傳話的我，這些對話如當頭棒喝般打醒我。因為我也常常以理性態度面對生活，卻忘記「家不是講道理的地方，而是講愛的地方」。點點的話同時也點醒了我。

媽媽又忍不住問我：「今天點點所說的話，好像是兒子會對我說的話，妳確定有連對線嗎？」

於是，我反問點點：「為什麼要說出這些話呢？你的用意是什麼？」

點點說：「我盡力效忠家裡的人，沒有惡意，我是在替哥哥發聲。沒有人敢對媽咪說這些話，因此想藉由這次機會告訴媽咪。媽咪應該也知道哥哥很愛妳，不過妳要試著換個方式和哥哥相處。」

「媽咪，我們知道妳不辭辛勞為家裡付出，但是，妳知道嗎？如果沒有雙方的溝通交流，僅憑妳一廂情願的想法，反而是吃力不討好，沒得到家人的感謝卻製造出更緊張的親子關係，這是妳想要的嗎？」

媽媽聽見點點道破家裡目前的狀況，心情難過地說：「我知道了，我會好好思考目前的狀況，謝謝你的提醒。」

點點眼看時機成熟，道出一手策略的原始動機：「採取步步為營的談話策略」。因為點點太瞭解媽咪的個性及風格，如果以開門見山的方式告訴媽咪，媽咪心裡反而會抗拒外界的聲音。於是，想出此對策，使用「旁敲側擊，攻其無備，出其不意，不正面點破」的方式，讓媽咪仔細思考問題所在。

點點見媽咪似乎能接受目前的言談，於是做最後收尾：「我會出此策，是因為想盡一點心力來修補妳們母子的關係。媽咪的辛苦我都知道，若放下過往的思考模式，妳會發現，生活將會變得不一樣！媽咪妳一定要試試看，妳可以的！」

溝通師心得

　　點點不斷在強調，媽咪的辛苦是大家「有目共睹」，但如果是帶有壓迫、控制的愛，只會讓彼此陷入膠著而無法喘息，最終關係會出現裂痕。竟然有心付出愛，何不讓彼此都感到輕鬆自在呢？才不會枉費之前的付出。

　　各位看倌，你們發現了什麼？看懂了什麼？

　　毛小孩散發著謀略和智慧的光輝。一場心理戰以縝密冷靜的思考布局，掌握每個環節的應對進退，並且巧妙地讓媽媽知道：小孩子的心聲與媽媽需要改變的地方。主張「善良的逆襲」而去「創造雙贏」的局面。

　　點點果然是運籌帷幄的「謀略家」，當之無愧！令人欽佩，我甘拜下風！

愛是雙向互動

超越理性的愛
收斂俐落的鋒芒
讓自己更能換位思考
達到雙向溝通
綻放溫暖的光芒
照耀我們所愛的人
－花若盛開蝴蝶自來
人若精彩天自安排－

收錄飼主親筆回饋
── 溝通後的生活改變或感想

✓ QUESTIONS 01 ： 溝通過程，讓妳覺得不可思議的事情？

　　經由這次的溝通，我打破之前對毛小孩的刻板印象，原來牠們也有自己獨特的個性與思想，而不是只會撒嬌跟耍個性而已。

　　最讓人想不到的是，原來毛小孩能感覺到飼主任何的情緒狀態。那一陣子，我的確與家裡的小孩子關係很緊張，我常常抱著點點哭泣，傾訴內心的難過。點點居然能懂我的心情並且放在心上，希望能為家裡盡一己之力，並挽回家裡的和諧。

✓ QUESTIONS 02 ： 溝通過程，讓妳覺得難忘的事情？

　　點點，提醒了我許多事情。人生沒有百分之百完美，每一件事情都要懂得取捨，自己想清楚要的是什麼？在親子關係上雖然現況不佳，但不要沉浸在悲觀情緒裡，勇敢打破現況，換個角度思考，事情也許會有轉機。

✓ QUESTIONS 03 ： 溝通過後，妳與毛小孩有什麼改變？

　　點點雖然散發冷酷的氣息，很少會主動接近我。但我發現溝通完後，自己有試著調整跟小孩的相處模式，也發現自己的情緒比較穩定的時候，點點似乎比較願意接近我。點點最愛的是爸爸，可是點點還是願意陪伴我、聽我說說話。

　　事隔兩年，或許動物溝通師的再次出現，是要再次提醒我。最近又面臨和之前相同的問題，我重新閱讀點點所給的訊息，曾經提醒我的那一段話，再次深深讓我從痛中覺醒，心中的難過讓我哭了好久。

看見摯愛的傷痕－咪咪

毛小孩用智慧與愛守候 你從來都不孤獨

就像心靈導師帶給我們的訊息

靜靜闔上眼睛去感受領會

喚醒內心深處 愛的正能量

綻放自信用愛去宣告

勇敢為自己發聲

當我一連結到咪咪的時候，牠立即給我很多訊息，迫不及待想告訴媽媽關於生活上的點滴，雖然咪咪無法開口表達，但卻默默的關心著媽媽每一件大小事情，尤其是媽媽長久以來積累在內心深處的情緒狀態，甚至警覺到媽媽心臟已經開始出現問題，過程中不斷的提醒媽媽要到醫院做檢查。

咪咪一開口直接對媽媽說：「我有很多話想告訴妳。」之後又接著說：「我已經老了，身體大小毛病不斷，媽媽總是細心照顧我，就算媽媽自己已經不舒服了，還是會拖著不舒服的身體照顧我，總是為我的健康擔心害怕著，怕我有一個閃失或怎麼了。媽媽謝謝妳，我愛妳。媽媽也要好好的愛自己跟照顧自己。」

這段話說明：媽媽在生活上已心力交瘁，「人前笑容滿面，人後暗自神傷」，從來不向他人表露自己的身心狀況，一肩扛起所有的責任。咪咪將一切都看在眼裡，同時也看出媽媽在長期的身心疲憊下，而造成健康的隱患。

此刻，媽媽內心感到一陣不習慣，從未有人對媽媽說過「甜蜜直白的宣言」，於是媽媽顯得靦腆，並笑著回應咪咪：「我知道，媽媽也愛咪咪。」

咪咪再發動一波甜蜜的宣言對媽媽說：「媽媽，我是妳的寶貝女兒，我來世會再來到妳的身邊。」咪咪像是抓到機會，說出自己放在心中已久的話。

媽媽聽到咪咪這句話時卻沉默了，瞬間走神回想起，自己曾經問過咪咪：「妳是媽媽的寶貝女兒嗎？妳以後要再來當媽媽的寶貝女兒嗎？」媽媽此刻才知道原來咪咪都能「聽懂」並在此刻「回覆」，這讓媽媽感動不已！也因為咪咪的這一番話，勾起媽媽內心深處塵封已久的感動，讓原本如一灘死水的心，重新有了愛的波動在心底流竄著。

媽媽情緒有些激昂地表示：「原來咪咪能聽得懂我告訴牠的話！我真不敢相信，這是真的。」

咪咪滔滔不絕地訴說對於媽媽愛的關切：「媽媽有什麼不高興的事情都可以告訴我，不用害怕我接收到妳的負能量，我願意與妳一起分擔點點滴滴。希望媽媽講出來後，也能看看我，獲得療癒的能量。如果一時無法療癒，沒關係！妳再講一次我還是願意聽，我是妳的小天使，我很願意聽妳說。」

　　但媽媽卻憂心忡忡的對我說：「謝謝咪咪的貼心，但我也顧慮到咪咪年紀大了，害怕牠禁不起我難過的樣子，這也是我有所顧忌的原因，所以才想把我最好的一面留給牠。」

　　咪咪早已看出媽媽被傳統女性的價值觀所束縛，所有的委屈心酸全往肚子裡吞，不斷自我犧牲奉獻甚至沒有自我，而這些辛苦卻被視為理所當然，沒有人會去感謝及珍惜。不然咪咪不會問媽媽：「爸爸是不是不愛妳了？」

　　「爸爸不是不愛媽媽，而是爸爸不善於表達。」媽媽含蓄回答。

　　這也說明了，這段關係缺乏感性的交流，顯得媽媽在情感上感到孤寂及落寞。這次的談話內容，雖然在外人看來是平凡不過的對話，但卻深深觸及媽媽埋藏在內心深處不被看見的傷痛，所以當被咪咪看見時，在另一頭的媽媽，眼淚不自覺落下。

　　咪咪訴說出對媽媽的愛與擔憂：「我總是感覺媽媽的身體不太好，記得要做身體健康檢查，尤其是妳的心臟。」

　　許多醫學報導，百分之九十的病來自我們的情緒，許多身體的問題與情緒是息息相關。身體就像我們的紀錄器，如實且一點一滴記錄著所有的故事，像是快樂或創傷都會記錄在我們的身心靈，所有不願意碰觸的傷痛，都讓身體來承接。當生活開始出現狀況、身體開始不舒服、內心不斷地糾結，精神也開始不穩定，這都是在發出警訊，正在暗示著你的身心靈正處在不平衡的狀態，也會直接影響身體的健康狀況。

　　事隔三個月後，媽媽傳訊息告訴我：「上次咪咪要我去做身體健康檢查，尤其是心臟，還好及時發現問題和及時治療！很感謝老師的幫忙。」

　　原來，咪咪早已接收到媽媽身體不適的「警告訊號」，甚至還能判斷是心臟問題。

後來，我很好奇，為什麼咪咪會知道媽媽心臟出現問題呢？於是，我將溝通的內容仔細地瀏覽一遍。才發現，咪咪提到許多關於「愛的議題」，在身心靈領域中，「心臟」所掌管的是關於「愛」的議題，也被視為「療癒的首位」。讓我想起咪咪曾經說的，「看看我，妳會獲得療癒力量。」這代表內心情感的流動，也是屬於一份愛的療癒，猛然驚覺毛小孩的智慧遠遠超過我們的想像。

咪咪談話中提到許多關鍵，關於「看不見的傷最痛，心已死的愛，不再流動」：

♥ 「我好愛媽媽，媽媽妳也要愛自己。」──透露咪咪希望媽媽的「愛」能再次流動，在愛他人之際，也能好好的愛自己。

♥ 「爸爸是不是不愛妳了？」──如果無法改變的事情，千萬不要刻舟求劍，倒不如改變自己的心境看待這一切。

♥ 「妳有什麼不高興就對著我說，同時也可以療癒自己，如果一時無法療癒，沒關係！妳再講一次我還是願意聽，我是妳的小天使，我很願意聽妳說。」──媽媽認為說了也沒有用，於是封閉自己的內心，不願再說，而咪咪認為這樣，心不流動，會對媽媽造成更大的傷害。

♥ 咪咪不斷對媽媽強調：「傷心難過的時候，記得回頭看看我可愛的臉龐，看到我的時候，請記得我愛妳。」咪咪希望媽媽可以感受到愛的力量，心再次流動，而不是心已死。

♥ 媽媽的內心深深被觸動，含蓄地說：「我從來不知道咪咪這麼愛我，平常對牠說的話，牠完完全全放在心上。」媽媽在此刻與咪咪的愛互相在交流著，對媽媽而言是一種感動在心頭流竄著。

如果每天和自己的悲傷相處，猶如把你的「心」鎖在黑暗的地牢之中，勢必會受到這些悲傷的折磨，沒有什麼比悲傷更能影響心臟。許多成語在形容悲傷時，脫離不了關於「心」的字眼，例如：撕心裂肺、心碎不已。所以情緒的壓抑會造成心臟的毀損。

以上的關鍵說明了，當媽媽活在世俗的眼光中，過度犧牲奉獻而沒有得到適當愛的回饋，當因此感到沮喪難過時，她會壓抑自己的情緒，加上沒有出口釋放情緒，進而忽略愛自己。

咪咪希望媽媽能透過向牠訴說心事，讓媽媽知道她並不是獨自承受一切，若把所有的想法放在心裡，久而久之也會不知道該如何表達，可能會活得更壓抑。咪咪希望媽媽試著去互相交流，衍生出一種愛的頻率，並微妙地存在彼此心中，去感受到愛的能量，進而啟動療癒的能量，同時也啟動療癒心臟的作用。

溝通師心得

毛小孩的智慧與愛，無須文憑而是與生具備。我們呢？庸庸碌碌的追求「紅塵」，一次又一次追尋、一次又一次的失望難過，對愛極度的渴望，卻又對愛狠狠的失望，但忘了回頭珍愛自己。咪咪不斷在提示媽媽，學會如何不依賴「關係的愛」，就能學會愛自己的重要性，在為別人犧牲奉獻之際別忘了先善待自己。

愛吸引愛

「愛」從來不是在他人身上獲取
而是從「愛自己的光芒」
蕩漾出一圈又一圈的愛
改變你與我之間 改變生活的氛圍
讓愛時刻為自己而綻放
愛自己 是無盡的力量

收錄飼主親筆回饋
—— 溝通後的生活改變或感想

✓ QUESTIONS 01 ： 溝通過程，讓妳覺得不可思議的事情？

　　上次咪咪叮嚀我要去做健康檢查，尤其是心臟方面要更注意，後續我去做健康檢查，果然心臟方面有問題，還好有咪咪的叮嚀，讓能我即時發現並治療。

✓ QUESTIONS 02 ： 溝通過程，讓妳覺得難忘的事情？

　　上次與動物溝通師通完電話，我的眼淚狂掉，內心壓抑已久的情緒得到釋放，同時我內心很感動咪咪對我說的話。這是我聽過最令人感動的話，原來這一切咪咪都看在眼裡，只是無法表達讓我知道。

✓ QUESTIONS 03 ： 溝通過後，妳與毛小孩有什麼改變？

　　我為咪咪付出，咪咪相對也想為我付出。但是在我的想法中，所有的不開心最好往心裡面藏，不被發現。後來，我發現這樣會讓咪咪更加擔心我，讓牠不斷地貼心叮嚀著我，事情不要往心裡藏，牠可以一起分擔解憂。

　　經由動物溝通讓我更深入瞭解咪咪的個性，也讓我釋放許多的情緒。我們總是以人類的角度看待自己的毛寶貝，卻沒發現原來我們的想法跟毛寶貝有很大的出入。咪咪用一輩子的愛守護著我，也溫暖並療癒我的心，謝謝咪咪！

瘋狂的內在世界－噗啾

每個人心中存在天使與惡魔

無須抗拒其中一方

因在每一個情緒背後

都渴望被聆聽與理解

試著去整合光明與黑暗

並深深的理解和接納吧

一連結到噗啾，我遲疑了。因為噗啾個性相當兩極化，一下子乖巧，一下子暴怒，就這樣不斷地交替。

我不禁想，到底是哪裡出了問題？因為我從未遇到這樣兩極化個性的毛小孩。

我心中想說：「是我喪失功力了嗎？連結的這麼不穩定。」但開完自己的玩笑後，我重新整理心情。

同時我也在心裡想著：「該不會連動物都有『精神分裂症』吧？但仔細想想，靈魂的本質都是一樣的，怎麼能斷言毛小孩沒有呢？」

當我連結到噗啾時，這種感覺真的難以形容。當噗啾情緒控制不住的時候，我彷彿能在牠的身體裡面看到另一個牠，也看見噗啾的眼神透露出無助的神情，似乎在說：「我總是會失控，無法克制自己，我也想要乖乖地。但是，我時常感到無能為力，我並不想要這麼失控。」

我感受到噗啾無助地向我求助，我靜下心思考，要如何跟媽媽解釋此狀況。過一會，我跟媽媽通上電話，大概描述噗啾的狀況：「噗啾表面上看起來沒有什麼問題。但是，牠是否時常沒來由的失控？有時候卻又很聽話，有一種反覆無常的感覺，像是有兩個不同性格的牠。」

媽媽嘆了一口氣後，訴說心中的無奈：「對！很切中目前的狀況，這常讓我不知所措，我不知道牠怎麼了？更不知道如何安撫牠。」接著以幽默自嘲的口吻：「像電影演的，有兩個不同個性的人共用一副身體，我有時都快被牠搞到精神分裂，分不清哪個才是牠。加上自從另外一隻毛小孩來，牠的情緒就更不穩定。」

聽媽媽出此言，我心中不禁嘀咕著：「媽媽自己都說出『精神分裂』的關鍵字了，看來我們都已達成共識，不用再多做解釋，我也可以直搗問題核心，來幫助噗啾脫離目前的困境。」

我深吸一口氣後，告訴媽媽：「噗啾內心十分矛盾，牠曾透過激烈的表達，希望媽媽明白牠內心的不滿與傷心，但媽媽卻不明白，所以牠只好選擇默默承受。但在內心深處還是不斷在自我拉扯，牠又覺得吵鬧的行為只會帶給家人困

擾。這種反覆受挫的心情，當情緒到達沸點時，就再也無法控制自己，才會演變成目前的狀況，時而乖巧、時而暴怒，導致妳感到錯愕，為什麼噗啾會突然失控，分不清哪一個是真正的牠。」

「那我應該怎麼做，或者說去改進？」媽媽問噗啾。

噗啾一副若有所失，抬頭望著媽媽說：「生活中那麼多事物，我怎麼有辦法一件件去說？媽媽應該會知道才對！妳明知道我不喜歡，卻當作沒這回事，而不去正視問題。就像家中另外一隻毛女兒很調皮，時常打擾我，我也不喜歡毛女兒玩的方式，你們卻逼著我要去適應。」

我補充對媽媽說：「噗啾其實不喜歡毛女兒，但並不是要求妳送走牠。在噗啾內心還是會在乎毛女兒，只是毛女兒太調皮，讓噗啾有點難以招架及適應不良。」

媽媽面對噗啾一句句的內心話，有感而發：「噗啾是這樣沒錯，雖然不喜歡但還是會讓著毛女兒。但是，我在的時候噗啾會變得排斥跟毛女兒在一起，像是宣告：『媽妳回來了，就交給妳了。』」

之後媽媽又試著問了些日常的問題：「喜歡跑步嗎？肉類妳喜歡吃什麼口味？喜歡睡地板嗎？」

噗啾思考了下說：「不喜歡跑步，跑步很累；對於吃不挑剔，妳煮我就吃！」

媽媽聽了不禁笑說：「對啊！牠都不跑，每次都想要趕快回家。」

此時，沉默一陣子的噗啾，就像是我們在糾結的情緒，才娓娓道來第二個問題的答案：「我不喜歡睡地板，睡地板是因為要陪著毛女兒。」

媽媽不禁有些驚訝，覺得欣慰並誇獎噗啾：「是位貼心的狗爸爸。原來你睡地板是為了陪毛女兒。」

身為動物溝通師的我直覺性地問媽媽：「妳是否覺得毛小孩某方面特質很像老人家？」此話一出，讓電話一頭的媽媽點頭如搗蒜，驚呼道：「沒錯！妳一語道破我內心這股無法形容的感覺及想法！噗啾總是不喜歡出門，像個長輩等待著我回來，讓我內心經常惦記著有長輩在等門。」

一旁的噗啾見狀，用著一副長輩的口吻：「希望媽媽記得，我會一直在家等待著媽媽回家。」

經由這次的動物溝通，噗啾終於能完整把積壓已久的心事，表達出來讓媽媽清楚的知道，同時也宣洩出內心的苦悶與心情。

我順道跟媽媽聊聊：「噗啾本質是懂事的，但越懂事的毛小孩，我們越容易忽略牠們的內在情緒，總覺得牠們不會有太多問題。噗啾其實希望把毛女兒照顧好，但希望媽媽不要太寵溺牠，同時也要重視噗啾的感受。所以，可能需要開始調整跟兩隻毛小孩的生活相處方式，媽媽可能要多費一點心力，交給妳囉！」

溝通師心得

毛女兒的出現，衍生噗啾的一連串心理層面的不平衡，漸漸造成生活上的失衡，當牠再也扛不住，負面情緒就會如排山倒海而來。但慶幸的是噗啾願意去面對內心的陰暗面且願意開口訴說心事，因為不見得每個毛小孩都會願意敞開心胸。

而這事件也反映出我們人類常犯的毛病，不願意面對自己的陰暗面且故作沒事，或壓抑住自己的悲傷情緒，強迫自己展現快樂的一面，最終還是會反彈。但卻可能被這巨大的悲傷吞噬，做出一連串失控的行為。就像是故事中的噗啾，所以不如選擇整合，嘗試去接納與愛。

擁抱不完美

我們在關係中受傷
透過深深的愛而願意彼此同理
也同時在關係中被治癒了
彼此在心靈上培養默契
找到生活上的平衡
更珍惜彼此相處的時間

收錄飼主親筆回饋
—— 溝通後的生活改變或感想

✓ QUESTIONS 01 ：**溝通過程，讓妳覺得不可思議的事情？**

　　溝通後才知道原來狗狗的世界也跟人一樣有精神分裂。但也因為瞭解，才能讓我們知道後續該如何與噗啾相處。

✓ QUESTIONS 02 ：**溝通過程，讓妳覺得難忘的事情？**

　　透過溝通師的傳達，第一次深刻瞭解噗啾產生不安全感的原因，而得知如何用正確方式去關心，以及瞭解噗啾真正的模樣。

✓ QUESTIONS 03 ：**溝通過後，妳與毛小孩有什麼改變？**

　　會選擇進行溝通的原因，是覺得噗啾怎麼近期改變很多，跟以往乖巧的個性不太相同，瞭解情況後，發現牠只是害怕失寵與恐懼原本安靜的生活受到打擾。

　　溝通至今一年多的時間，我們做了改善也不再忽略牠內心的感受，哪怕一丁點做得不公平，都怕影響到寶貝；做錯事也不再不停地斥責，而是改為坐下來好好地、輕輕地說。

　　原以為新成員的來臨，最後可能會產生相處不融洽而導致送養的問題，透過動物溝通，並瞭解真正的原因後，在長期奮戰下，現在兩位寶寶都已經是家中的寶貝。也感覺到噗啾類似精神分裂，就像治癒了一樣，現在一家人都過得很開心。不像剛開始，時時刻刻提心吊膽，猜測噗啾下一秒的情緒狀況。

　　很開心有動物溝通的存在，這真是一個神奇的存在呢！這一股力量，讓我們更深入瞭解毛小孩的想法，不再胡亂猜測，對症下藥才是根本解決之道。

CHAPTER

03

鏡像之愛
系列

SERIES OF MIRROR LOVE

鏡像之愛

鏡像之愛反映著你的影子
強大照映我對你用心良苦
揣測並模仿你的一舉一動
願你能心有靈犀全然理解
深藏著一份溫柔無私的愛
願你能依循溫柔看見自己

「鏡像之愛」

你曾想過嗎？你的毛小孩這一生，是為了幫助你，或瞭解自己而來的嗎？

我稱之為「鏡像之愛」。毛小孩就像是飼主的一面鏡子，可以透過牠的行為模式，清楚反映出飼主的生活狀況。這過程中是彼此心靈的相遇、彼此能量的交互作用，如同照鏡子一樣，照見了自己，覺悟在當下！

在毛小孩身上存在的問題，跟飼主的狀態多少有連帶關係。毛小孩像是一面鏡子，讓你照見自己的真實狀態，如果你心中產生抗拒而逃避的躲開，就像是把鏡子收起來，不願意看見自己，進而演變成只看到「牠的問題」。

毛小孩會象徵性反應「你的問題」，例如：你的生活總是不斷自我壓抑，當毛小孩接收到你壓抑的氣息，造成牠因焦慮過度而不斷舔毛。所以當遇到毛小孩產生狀況時，不如換一個角度思考：為什麼會發生這些問題？自己是否存在哪些問題？或者，已經透過動物溝通，知道毛小孩產生問題的癥結點，你卻沒有身體力行並深陷其中不斷在惡性循環，造成彼此生活上的困擾與阻礙。

「鏡像之愛」，會不停的提醒你需要轉變的地方。如果你能多留意，瞭解毛小孩的用心良苦，牠也能減輕對你的焦慮，而不再用反常提醒你，同時牠也會希望你別再重蹈覆轍，幫助你找回生命的平衡點，讓你得到靈性成長的寶貴機會。每個人內心都有一份「心靈禮物」，這份禮物能滋養你的靈魂，給你力量！你願意傾聽自己的內心嗎？並去接受這份禮物嗎？這也是毛小孩所期盼的。

我們難以察覺，鮮少聯想到毛小孩想表達什麼？

因為人類已習慣用語言溝通交流，並不熟悉毛小孩無聲的交流，這需要靠自己內在的直覺及感應能力。「靜心」，細細聆聽毛小孩的肢體語言或者是內在聲音，這是一種「心靈感應」的「無聲對談」能力，你會發現彼此的心距離更貼近，你更能理解牠想表達什麼。

例如：當你在滑手機時，你會突然起身幫毛小孩倒飼料、或是為牠做任何事。有時並不是你的想法，而是收到毛小孩傳給你的訊息，只是你可能不知道這訊息來自毛小孩。自己可能在無形中利用了「心靈感應互動」，感受對方傳達的訊息。

現在，就從替牠發言開始，憑你的直覺，無論收到什麼訊息，直接替毛小孩發言，並對著牠說出來，這需要練習。有一天你會突然發現，你與毛小孩能用「無聲的語言」溝通交流。只要用心感受，你會知道毛小孩內心想表達的事情。

以下具體舉例，最常見的兩種鏡像之愛情況。

情況 SITUATION ❶
毛小孩跟飼主有相似的個性

毛小孩的個性為：固執、率真、不易變通、自我中心，生活若是不如願，情緒上則容易鬧脾氣。飼主經由溝通後，才驚覺毛小孩跟自己的個性十分相像，這就像在告訴飼主要注意自己的個性，彼此就像互相照鏡子，一起修正改進。

曾經有兩位年輕人，來詢問家裡的毛小孩。

A 媽媽問：「為什麼糖糖到店裡，都不願意尿尿，可以跟牠商量一下嗎？」

糖糖鬧著脾氣，用著倔強的語氣說：「因為媽媽有些客人，不喜歡狗，讓我因此被關在籠子裡，我很不開心。」

A 媽媽：「有些客人不喜歡狗狗，但要賺錢，你就委屈一下。」

但糖糖似乎想掌控事情的發展而不願意妥協，一副老大心態說：「那媽媽就多接一些喜歡狗的客人啊！如果不行，我寧願一個人在家。」

B 媽媽一路聽下來，雙方的對談內容，有感而發且不經意的笑出來，並說：「糖糖的個性真的跟 A 媽媽極為相似，想掌控，當無法掌控時便咄咄逼人，給人一種壓迫感。」

而 A 媽媽則迴避問題甚至想辯解說：「哪有啊！還好吧！」

我們通常看不見自己的盲點，當被提點時反而選擇迴避，那一切就顯得可

惜，這就是所謂毛小孩的「鏡像之愛」。當你能正視問題，並開始慢慢轉變，你也會發現，毛小孩會跟著你慢慢轉變，這是一種不可言喻的現象，只能細細去體會，難以言傳。

情況 SITUATION ❷
毛小孩跟飼主有相反的個性

毛小孩的個性為：獨來獨往、自我意識強烈，不喜歡被控制、說話的風格不顧及飼主的心情、言談不拐彎抹角，鋒利且直截了當，冷言似尖刀逼人退卻。有些飼主是無力招架，這種毫無顧忌的直來直往談話方式。

曾有一位個案的姐姐問毛小孩：「會覺得這裡太吵嗎？為什麼總是躲起來？」

毛小孩直來直往地說：「我喜歡獨處，我自己也可以過得很好，你們不要來吵我就好了。家裡環境雖然很吵，但是我還可以適應。那你呢？」

此時我突然感覺空氣瞬間凝結，姐姐只是想關心毛小孩，但是，毛小孩卻覺得在姐姐關心別人之餘，妳有先關心自己了嗎？這是一般人無法輕易洞察的。姐姐當時無言以對：「牠講話方式很直接，很難聊耶！」

毛小孩的結論為：希望姐姐不要委曲求全，應該要勇敢為自己「爭取發言權」，若敢怒不敢言，又在事後抱怨自己人生，這便是惡性循環。毛小孩希望飼主可以像自己的個性一樣，以自己為出發點去思考，所以便以身作則地帶頭改變姐姐。

在以往的個案中，通常若飼主與毛小孩個性有反差，總是無一例外地衝擊飼主的內心。因為毛小孩的對談，會以單刀直入的方式進行，且回答一次比一次更犀利。我能感受到飼主的無力招架，與仍迴盪在心中的那些言語，而那需要時間面對與消化。

毛小孩表現的獨立自主，常讓飼主會產生錯覺以為毛小孩不喜歡自己。其實不然，因為「愛」的表現，有不同的形式，毛小孩獨特的表現，也是愛的形式之一。雖然衝擊一般人對於愛的認知，但可以學習去感受其中的愛，也許會是另一番新氣象，這也是一種「鏡像之愛」，同時可以學習「不斷更新自己的信念」！

以身作則－比比

生命是以愛構成 會以不同的形式展現

毛小孩獨特的表現 深藏著一份溫柔無私的愛

我們可以換個方式愛 去深愛著彼此的思想

不斷更新自己的信念

感受其中的鏡像之愛並且試著愛自己

這是我對你的期許與愛

我一連結上今天的主角比比，牠用輕快地聲音告訴我：「我已經準備好了，非常樂意溝通。但是，不是什麼話題都可以聊！」比比表示只想聊關於姐姐的事情。

我心想：比比可能是為了把握時間，想快速切入重點，於是我開門見山地說：「你想說什麼？你說吧！」

「不要把我當作毛小孩一樣看待！而且我不喜歡被摸，也不喜歡被抱。我大概是介於人類和毛小孩之間。」比比不服氣地說。

我愣了一下，心想：「很有自己的想法，在行為上應該是走特立獨行的風格。」當我瞭解之後，果不其然……。

我拿起電話，開始進行三方的溝通交流，姐姐先詢問關於比比生活瑣碎的日常。比比的態度總是一副：「不在乎、還好吧、沒什麼吧、不重要吧？」很明顯的，比比對我們的談話內容不感興趣，甚至不想參與對話。

但當姐姐說了：「比比很無情，不管問什麼！總是一副無所謂的樣子。」後，挑起比比的神經敏感度。

比比急忙地解釋：「我不是無情、無所謂的個性，姐姐時常會有這樣的錯覺，但我不怪她。我是在示範什麼叫作『瀟灑的人生』，希望姐姐可以跟我多多學習！」

「沒錯！比比對周遭總是一副無所謂的樣子，我以為牠不在乎，甚至讓我有點傷心。據我所知，狗狗喜歡當小跟班，依賴著飼主，但是，在比比的身上完全看不到。」姐姐依照日常觀察比比的樣子，有感而發說著。

這一段話反應出姐姐在日常生活中，總是在乎別人的看法和心情，習慣迎合對方的期待，或希望對方符合自己的想法。常常讓自己在人際關係中鑽牛角尖，

別人一句無心的話語，會在姐姐腦海中不斷無限迴圈的盤旋，自我沉浸在內心的小劇場，久久無法釋懷。比比透過動物溝通立即以身作則地示範，以最舒服的關係狀態，做最真實的自己，不必為了討好人際關係而委屈自己。

我對姐姐說：「比比關心你的方式，妳可能難以理解並感受到，但這是比比愛妳的方式。牠認為妳的心理狀態，比生活中瑣碎的事情來得更重要。或許，比比有更重要的事情要告訴妳。」

當我切入到重點，比比的態度立刻三百六十度大轉變，精神抖擻且語重心長地說：「姐姐難過的時候，我也不懂如何安慰妳，但我會在旁邊默默陪著妳，希望姐姐可以瞭解，這是我的安慰方式。以前的事就讓它過去吧！再回憶起只會更加難過。希望姐姐談感情要瀟灑一點！我常常在示範如何當個『瀟灑的生物』，姐姐妳要學起來喔！」

溝通師心得

與毛小孩們的聊天方式千變萬化，包含：

有活潑的毛小孩像姐妹淘與你暢所欲言；有急躁的毛小孩快速表達，讓我無法跟上牠的節奏；有文靜的毛小孩沉默寡言，需要動物溝通師的引導；但也有喜歡單刀直入的毛小孩，說話直接讓飼主無法招架等等。而今天的比比是屬於重點型的，牠抓緊此機會，不模糊焦點，並透過這次的動物溝通，快速切入重點的臨場示範，希望姐姐能明瞭比比一番用意。

比比早已觀察到，姐姐時常困在情緒泥淖裡而無法跳脫。想利用這次的對談，讓姐姐察覺到自己的情緒起因，不讓情緒時常左右姐姐。這裡反映出姐姐的說話方式總是拐彎抹角，顧慮太多，甚至為了迎合對方，而隱藏自己真實的情緒，卻忘記如何直接與他人溝通，和勇敢說出自己的想法，並活出自己的態度，此時，自然而然就會散發屬於自己的魅力。

毛小孩也可以像心靈導師，指引你去突破現狀，用心去感受才能慢慢瞭解，毛小孩帶給我們的訊息，只要有毛小孩陪伴，你從來都不孤獨！

收錄飼主親筆回饋
——溝通後的生活改變或感想

✓ QUESTIONS 01：溝通過程，讓妳覺得不可思議的事情？

　　我們認為重要的事情，在毛小孩眼裡，根本不足掛齒，例如：隨地大小便。毛小孩認為是正常的行為，上個廁所，沒什麼好大驚小怪的吧？難道這也是一種瀟灑的表現嗎？

✓ QUESTIONS 02：溝通過程，讓妳覺得難忘的事情？

　　比比突然告訴我：「談感情要瀟灑一點！」我一開始摸不著頭緒，直到後來才理解。原來，比比知道我始終放不下感情上遇到的人，因為在面對無疾而終的愛情時，我總是無能為力改變一切，而一個人躲在房間號啕大哭。

　　我也問比比：「為什麼想要抱著你尋求安慰時，你總是跑走？」牠說：「當下緊張又難過，不曉得怎麼安慰妳，只好跑走。但是，我又會跑回來，在妳旁邊安靜的待著。我希望妳能瞭解，其實我很關心妳。」比比這番話真的讓我莞爾一笑，真是一位可愛貼心的孩子！

　　透過這次的溝通，我才真正瞭解，比比不像一般毛小孩會聽飼主的話，而是有個性又傲嬌的狗，根本跟我是同一個模子刻出來的。

✓ QUESTIONS 03：溝通過後，妳與毛小孩有什麼改變？

　　經由這次的溝通，我下定決心要負起飼主的責任，除了基本的散步、洗澡，現在每天還會料理餐點，會讓比比選擇喜歡吃的食物，讓比比吃得健康又開心。不再是不負責任的將這些事丟給家人處理。

比比年紀不小了，因此我更珍惜與牠相處的時間，例如：減少玩手機的時間，騰出更多的時間與牠相處。回家第一件事情，會先抱比比說說話，分享今天發生的事情。

　　透過這次動物溝通，我才開始瞭解，有時候我們在意的事情，對毛小孩來說微不足道。反之，對我們來說微不足道的小細節，卻往往都是毛小孩看透我們的一切緣由；我們對牠們的愛總是肉眼可見，但毛小孩對我們的愛，往往藏在細節之中，從平常的撒嬌迎接，到我傷心難過的默默陪伴，那些都是牠們對我們愛的表現。

　　感謝這次的動物溝通，讓我更瞭解比比對我的愛，以及能互相瞭解，也讓我們更珍惜著彼此。謝謝你陪著我從讀書到出社會，現在的你老了，而我有能力了，我只想讓你往後餘生，都是過最好的日子。

用心聆聽

愛 千變萬化
表現愛的方式也不盡相同
我無所表示
並不代表我不愛你
而是我的愛是以靜靜陪伴著你
願你能去感受
我對你的愛

一隻貓的使命－胡椒

人生總是在抉擇的十字路口

當做出抉擇時 昂首闊步往前走

請擇其所愛 愛其所選

是你帶給我勇氣做出抉擇

彼此的遇見是一個改變的契機

揮別過往的自己

重新看見並接納及愛自己

當我一連結上胡椒時，立即感受到牠豪放不羈的個性，在牠身上感受到貓咪原始的小野性。

「我是一隻浪浪，所以我喜歡親近大自然，我也想念著我的貓咪媽媽。」個性外放的胡椒，同時釋放出柔性的強烈訴求。

「胡椒出生大約一個月左右，我就從貓咪媽媽的身邊抱回家，為什麼胡椒還記得小時候的事情？」人類媽媽疑惑提問。

「我在貓咪媽媽的肚子裡，感受到貓咪媽媽懷我時，到處流浪找食物吃，我也感受到貓咪媽媽很愛我們，總是小心翼翼地注意著自己正在懷孕當中。」此時，胡椒突然話鋒一轉，我們都來不及反應：「人類不應該帶我回來養，我應該待在貓咪媽媽身邊的。」胡椒似乎是想念貓咪媽媽，心情低落地訴說著。

胡椒接著又說：「我想要生貓咪小孩，想彌補心中的缺憾。我想要感受，當時我的貓咪媽媽心情是如何？因為這是我唯一能懷念貓咪媽媽的方式。」我感受到一股濃厚的悲傷氣息環繞著胡椒。

「很抱歉胡椒，你已經結紮了。有其它彌補的方式嗎？」人類媽媽心有所虧欠，甚至一度懷疑當初帶牠回來是對的嗎？

雖然胡椒已經結紮，但還是想要抒發自己隱藏已久的情緒。隱喻著胡椒無法忘懷過去的狀況。

「我想要去外面溜達和冒險，交屬於自己的貓朋友，外面的世界才是我真正的家。」胡椒的心情瞬間轉換成瀟灑不羈的態度。

胡椒投射出了人類媽媽的個性及生活狀況，人類媽媽在朋友面前看似瀟灑，但內心卻隱藏悲傷的另一面，而悲傷的背後其實隱含著許多柔軟的愛。

對人類媽媽來說，她已經習慣隱藏自己脆弱的一面。胡椒用自身的生活經驗來憐惜自己，同時也對人類媽媽發出訊號：「我也憐惜及心疼妳，但我們都是需

要誠實面對自己，並且看見自己的傷痕。」

人類媽媽用心疼語氣：「胡椒確實在日常生活中渴望外面的世界，她總是會想偷跑出去。現狀是有些事改變不了，但我想知道還能做什麼來彌補胡椒？」

於是，我問了胡椒：「還有什麼想做的事嗎？」

胡椒一派豪氣地回答：「把家裡打造的跟外面的世界一樣，要有一些很高大的綠色植物。」人類媽媽聽到時，瞬間目瞪口呆，表示有難度。

「咬一些人類媽媽用過的東西、捉弄家裡的人，是因為覺得很有親切感。」

「胡椒的個性的確很頑皮，時常亂咬垃圾桶的東西，讓我很擔心誤食。」人類媽媽頓時哭笑不得。

「放養我吧！讓我自己出去，我想去找貓咪媽媽。」胡椒再次話鋒一轉，又萌生想念貓咪媽媽的心情。胡椒這句話卻考倒了人類媽媽，而人類媽媽正苦惱著該怎麼做才能讓胡椒開心？

這一段對談呈現了人類媽媽，雖然在現實生活中跟家人有一些摩擦，但內心還是愛著家人，只是不知如何去表達對家人的愛。在生活中與朋友嘻笑打鬧，總是在言談之中說著自己不在乎，但在內心卻渴望著被理解與被愛。

人類媽媽在無計可施之下，把希望寄托在貓哥哥身上，並說：「胡椒對其他的貓咪容易產生敵意，但是唯獨對家裡另外一隻貓哥哥情有獨鍾，甚至願意順從牠的意思。」

人類媽媽這一番話，切中了胡椒的心，似乎提醒著胡椒雖然沒有貓咪媽媽，但是你還有我們。我們也是真心愛著你及溫暖著你，難道你沒感覺到嗎？

雖然胡椒的個性看似調皮搗蛋及放蕩不羈，但胡椒總是有意無意地透露出，自己內心脆弱的一面，讓大家有機會動之以情地走進胡椒的內心。

胡椒將對貓咪媽媽的眷戀，移情到現在的人類媽媽與貓哥哥身上，願意加倍奉還且無怨無悔地掏心掏肺，這些都反映出人類媽媽真實的個性。若不看清這一點，內心只會更悲傷的行走在人生旅途上。

沒有任何一隻動物，寧可捨棄溫飽，背負各式各樣的危險去流浪。為什麼胡椒執意想出去找貓咪媽媽呢？最後胡椒並沒有正面回答，但或許想知道貓咪媽媽現在過得好不好，還是跟以前一樣在流浪嗎？還是跟我一樣幸運找到疼愛自己的飼主。

　　所以，每當聊到貓咪媽媽，胡椒的心情就會瞬間急轉直下。我突然之間靈機一動，反問胡椒：「你走了，那現在人類媽媽呢？」

　　胡椒愣了一下，不知該如何回答並想打馬虎眼，因為在胡椒的心中有著一絲遺憾，促使牠不斷想要回到過去填補心中的缺憾，同時也在乎眼前的人類媽媽，所以此刻胡椒不知該如何抉擇。胡椒想捨棄現況，渴望探尋貓咪媽媽在外流浪的生活，那是一種什麼感覺呢？幻想著：如果我也出去流浪，是否會遇見貓咪媽媽呢？但心中又有所矛盾，如果我走了，那現在的人類媽媽又該怎麼辦呢？

　　這些情節反映著人類媽媽在感情的世界裡難以放下，總是回望過去找尋曾經愛過的人，卻忘記眼前的人在身後守護和愛著她。胡椒此刻的境遇如同人類媽媽過去的境遇一樣，而人類媽媽在這一刻是否能明白胡椒正在上演，她一直以來重複的生活境遇，能去看清、看透，甚至不再輪迴重複發生，就要看她了。

溝通師心得

　　胡椒渴望著愛與被愛，在言語之中早已透露，感念著過去並且懷抱著遺憾，讓胡椒忘記珍惜當下的人事物。如果胡椒能夠看見當下擁有的一切，而不讓冷冰冰的過去所束縛，那就像是一隻被困住在鐵籠的鳥，若能展翅高飛，將會看到更美麗的生命風景。

　　這完全反映出人類媽媽內心的狀況，總是在後悔和遺憾中度過。胡椒希望人類媽媽能看清楚這模式，並從中跳脫出來，不要再拿過去折磨自己，而是從經驗中學習，讓自己能更成熟的面對未來及珍惜當下。

收錄飼主親筆回饋
── 溝通後的生活改變或感想

✔ QUESTIONS 01 ： 溝通過程，讓妳覺得不可思議的事情？

　　談論到胡椒的「親生媽媽」時，原本調皮搗蛋的胡椒，正在家裡四處走動，忽然間默默地坐在我們面前，神情轉眼間變得落寞，似乎在想念著貓咪媽媽，是我從未看過胡椒的另一面，時隔兩年了，牠落寞的神情至今我依然無法忘懷。

　　我們早已不知貓咪媽媽的去向。透過動物溝通，我知道胡椒的思念之情，所以我時常真心真意告訴胡椒：「我們永遠不會拋棄你，這裡是你永遠的家。」

✔ QUESTIONS 02 ： 溝通過程，讓妳覺得難忘的事情？

　　胡椒在一個月大時，就被撿回來飼養，內心仍擁有小野性。溝通中說，想要把家裡變成叢林，讓我們深深覺得又氣又好笑。後來，幫胡椒在陽台上鋪上假草皮。一開始，胡椒覺得不習慣，過了幾分鐘，牠就在上面快樂的翻滾，可愛極了。

✔ QUESTIONS 03 ： 溝通過後，妳與毛小孩有什麼改變？

　　溝通中，胡椒提到：「當初不應該把牠帶回來。」這句話讓我思考了一陣子，當初，因我的任性而把帶胡椒回來，是對的嗎？心裡曾經掙扎過「放與不放？」讓我難以抉擇，我既難過又無奈，最後因擔心胡椒的生命安全，我還是打消了這個念頭。

我發現胡椒其實與我很相似：「極度缺乏愛，但也想要好好愛別人，因深陷過往的情境，而被自己的心靈困住了。」所以經由這次的動物溝通，我更看清楚自己內心深處的狀態。

胡椒能勇敢表達自己的思念和脆弱，可見，牠是個非常勇敢的孩子。現在，我努力表現，終於讓家人同意讓胡椒回家住了，想必，牠也感受到我內心的為難，所以胡椒也表現得很好。每天我回到家，她也第一時間在門口等待我、迎接我。現在與胡椒的內心更加貼近，甚至從胡椒回到我家，每天睡前都會趴在我身上呼嚕呼嚕，讓我感到開心又欣慰。

我感受到「胡椒已經把我當作媽媽了。」很開心胡椒接納了我，改變如此大，我也該好好改變，讓家人更接納我，更愛我。

個案最後，動物溝通師回應我：「一切都是最好的安排，或許胡椒來到妳身邊的任務，是要讓妳更認識自己。」

這句話點醒了我，讓我與胡椒比以前更珍惜對方，互動之間流露出無限的愛意。我很開心能和我們家小寶貝溝通，也謝謝動物溝通師給我的心靈話語，即便是簡單的話語也是我最大的鼓勵了。

展翅飛翔

我們不必再為愛傷一回
透過愛與痛
穿越種種的迷霧
懂得擁抱悲傷
進而從中被釋放
在痛苦中蛻變
重生成為更閃耀的自己
也會間接榮耀默默守候的毛小孩

遇見世界上另一個你 - 泡福

靈魂擁有彼此愛的記憶 彼此也在靈魂深處擁抱

我有你的氣味 你有我的味道

我們的愛從不曾離去

跳脫外表的限制一眼認出你的靈魂

彼此會心疼對方 如待己般會去珍惜對方

愛你等於愛自己 就像愛自己靈魂的另一半

我會補足你所缺乏的 希望你看見完整的自己

你們相信嗎？「世界上存在另一個你」。但這次的主角「泡福」完美映照媽媽的狀況，讓媽媽產生許多情感連結，並在泡福身上看見了「另一個自己」。

與「另一個你」相遇的時間點，多數是在經歷人生最孤獨迷茫的時期，會闖入自己的生命中。「他」出現時，你不會認出「他」是另一個「你」。但在各自身上，彼此有著相同的頻率，在未來會慢慢發現彼此的默契、獨特的個性。當對方給予你最大的支持與愛，心裡會湧上溫暖的歸屬感，進而激發天賦才華，活出自己的最佳版本，因他的出現是來完整你的生命。

我連結到泡福時有種「難以言喻的沉靜」，也發現泡福會注意許多細節。牠的親切與禮貌，總是讓我感到濃濃的溫暖及善意，言談間展現足夠的尊重。通常會注意細節且有禮貌的毛小孩，我幾乎會被拒絕往下溝通，因我不是注重細節及禮貌的人，通常毛小孩都能感受到我的不拘小節，但泡福卻展現包容跟成熟的禮貌。

例如：今天的動物溝通行程，媽媽在約定的時間內遲到了，泡福會禮貌性地先跟我打招呼並代替媽媽道歉，然後要求媽媽解釋遲到的原因與賠不是。泡福覺得這是一個基本的禮貌。我心想著：「這不是人類該做的事情嗎？」我本來想省略「賠不是」的過程，但我感受到泡福的堅持，只好轉達讓媽媽知道並執行，才得以順利往下溝通。泡福的紳士有禮貌，對於細節的堅持，反映出和媽媽相同的個性，即是內心投射的「另一個自己」。

於是我先問了媽媽：「妳能觀察到泡福『紳士有禮貌』的特質嗎？」當我拋出此問題，連自己也有疑惑，這如何觀察啊？

但媽媽卻不假思索地回答：「我也這麼覺得，妳竟然跟我有相同的感覺。家裡還有一狗一貓，泡福不會爭先恐後的搶食物、爭玩具、爭寵、事事以禮讓為優先，不管對家裡的動物或是人都有超貼心的小動作，是個注重禮節的暖貓，就如同妳說的『紳士有禮貌』。」

我聽到媽媽的回覆，我內心驚訝不已。這代表泡福給我的「難以言喻的沉靜」或許是一種成熟穩重的展現。而當這些感受透過我傳達給媽媽時，媽媽竟能完全理解我的意思，不需要再花任何一絲力氣解釋，一點即通。因為在許多個案中，

當我提出一個感受，飼主會滿腹狐疑地問：「什麼意思？」於是，我需要抽絲剝繭再次慢慢地解釋，飼主才會頓時豁然開朗且逐漸明白。

泡福在溝通互動中，清楚知道該如何表現，媽媽才會覺得開心；該如何表達，媽媽才會覺得被愛、被懂，甚至能感受到泡福毫無保留的支持著媽媽。雙方靈魂的相遇，以及共享所散發出溫暖光芒的獨特頻率，讓泡福準備去推進彼此靈魂的進化。這代表媽媽與泡福有著極為相似的靈魂—心靈是相通的，思想是同步的。

泡福天生眼睛殘缺，引發媽媽內心情感反應並產生想拯救牠的念頭，這表示媽媽看見泡福的殘缺，在她潛意識的認知裡，是和自己擁有相同的境遇，有某一部分是不被世人所接納的。媽媽讓泡福知道即使有殘缺還是會被接納，而領養了泡福。其實在媽媽的內心是想接納自我及拯救自己，藉由拯救泡福也等於從深淵拯救了自己，這強烈的吸引是讓彼此的靈魂產生深層的連結。同時泡福也接納媽媽內在的陰暗面，並以溫柔且富有靈性光芒的能量，療癒媽媽埋藏已久的陳舊創傷，陰暗轉化為光明，進而激發內在藝術的潛能。

媽媽與泡福本是一體，愛對方等於愛自己一樣，拯救對方等於拯救自己。就如同一首歌會有主唱；而唱合聲的人，隨時要注意到主唱的狀態，配合的恰到好處，沒有一絲的違和感，一起唱出生命中美妙的主旋律，呈現出一首優美動聽的曲子。就像找到「另外一個自己」般，為自己歌頌旋律、加油打氣。

泡福以自信滿滿和溫柔的口吻告訴媽媽：「當妳在工作上沒有想法的時候，媽媽妳可以看看我，或許妳能瞬間在我身上獲取源源不絕的靈感。」

媽媽有感而發：「為工作思索的時候，泡福會在此時對我百般依賴撒嬌，在互動之際，瞬間靈光乍現，牠就會識相地乖乖趴在我的旁邊，陪我一起工作。」

有一股能量正在擴張，就像面前有一面鏡子般看見自己，泡福會激發媽媽的優缺點，讓媽媽接納及肯定自己，從破碎中逐漸完整自己，就像找回了自己的一部分。

泡福用一抹從容且充滿愛意的口吻對媽媽說：「妳的夢想，不須顧及旁人的眼光，勇敢去追夢，如果妳覺得這樣人生比較開心，妳就去做，我也會跟著妳開心。」

而媽媽以失落的口吻對我說：「我的確有夢想，但家人總是勸我實際過生活，不要天馬行空做夢，經常打擊著我的信心。也因為家人的不支持，讓我對於勇敢追夢這件事更加退縮，對過生活更加沒熱情也不開心。」

關於媽媽追夢一事，現實無情打擊著媽媽的自信心。在還沒遇到泡福之前，

生命是失落無力，然而泡福一番言論深植媽媽心中，在失落悲傷後，給媽媽一股生命的力量，深深拯救媽媽失落的靈魂。遇見泡福後，才感覺到自己真正的活著及知道自己的夢想，不是天馬行空，而是有夢想人生最美。

泡福也精準點出「旋律的走音」說：「媽媽個性孤僻不喜歡與人交流，這會錯失良機，希望她多看看外面的世界，嘗試過不一樣的生活，心境會更開闊，也會獲得更多靈感。」

溝通結束之前，泡福得意洋洋對媽媽說：「我很不一樣吧！有沒有更愛我？」

媽媽讚嘆地說：「天呀！泡福比我想像中還要紳士，更為暖男！」

溝通師心得

泡福在堅持自己個性的同時，媽媽彷彿看到「另外一個自己」，就像擁有彼此靈魂的成分。泡福雖然是貓，但許多行為模式顛覆貓的天性，甚至是為媽媽量身打造的貓咪。泡福用愛去填滿了媽媽失落與不被理解的心，然而在日日夜夜不斷交織的歲月裡，牠的陪伴、支持、指引與媽媽有深切的共鳴，支持著媽媽朝著夢想前進，打造「暖男小情人」的形象。

生命的轉變

原本以為是我拯救了毛小孩
後來才發現是毛小孩拯救了我
當全世界都拋棄我了
連我也拋棄了自己時
是牠
帶我離開負面的世界

收錄飼主親筆回饋
—— 溝通後的生活改變或感想

✓ QUESTIONS 01 ： **溝通過程，讓妳覺得不可思議的事情？**

　　我一開始是抱持半信半疑的心態一探究竟。當動物溝通師說：泡福紳士有禮貌。沒錯！就是泡福平常的寫照。當時還沒做動物溝通時，以為泡福性格不會像人類有錯綜複雜的心思。透過動物溝通，顛覆我原本的觀念，無法用語言表達並不代表沒有「細膩的心思」。

✓ QUESTIONS 02 ： **溝通過程，讓妳覺得難忘的事情？**

　　讓我知道泡福的內心，原來比我想像中更無條件的愛我。溝通內容的細節，已超過我的想像。牠竟然把我的生活觀察的如此透徹，注重之間相處的細節，讓我備感暖心。當我難過時，牠會用可愛的腳掌擦拭我的眼淚並輕柔地舔舐我的淚水，彷彿告訴我：「妳所有的悲傷我都知道，我會陪妳度過。」

✓ QUESTIONS 03 ： **溝通過後，妳與毛小孩有什麼改變？**

　　經過動物溝通之後，當遇到人生的不順利時，就會讓我想起，當初泡福對我說：「只要是妳喜歡的事情，就算我不喜歡，我也會配合妳。」無形中有一股力量，讓我願意為了生活向世界妥協一些。從以前到現在都是泡福細膩觀察著我，而我現在也開始細膩觀察著泡福，且成為我的日常。觀察中有一種「難以言喻的愛」與「說不上來的熟悉感」反映在泡福身上，我會常常在牠身上看到自己的影子。

　　當初領養泡福的時候，原本以為是我拯救了牠的生命，後來我才發現是泡福拯救了我的世界，牠療癒了「封閉心房」及「黯然神傷」的我，我開始會跟泡福主動分享日常生活中的喜怒哀樂，不管我做什麼事，牠總是給予我最大的支持與愛，而我更願意為我的生命去嘗試更多的可能性，無所畏懼地擁抱未知。

璀璨的靈魂戰士 -Angel

人生的問題不會隨著時間而消失

而再以另一個形式回歸

「逃」不是最好的辦法

必須要帶著自己的靈魂 穿越不願提及的傷痛

看透各種悲歡離合 看透自己的內在運作

看透所有因果 為自己而戰 做自己的戰士

這些歷練將造就自己並擁有自我療癒的力量

並看到自己璀璨又美麗的靈魂

我一連結到 Angel 的能量，立刻將牠鏗鏘有力且感人肺腑的話，洋洋灑灑的記錄下來。姐姐在溝通中極少發言，毛小孩可能早預測到會有此狀況，所以在自己開場白裡先點出姐姐目前的狀況，也會適時找機會讓姐姐自己提出問題！

雖然我看起來很兇，但是我很溫柔！請不要以外表評論一個人。姐姐，你明白，我要表達的嗎？「內在」才是最重要的！

我知道姐姐常遭受異樣的眼光，心中不是滋味，但是沒有關係！姐姐，請靜下心來勇敢面對，妳是一位美麗的靈魂戰士，外表只是一個軀殼，現代人常常忽略欣賞軀殼內的美麗靈魂。在姐姐軀殼內有著美麗的靈魂，但同時有一顆受傷的心，只因外貌和一般人不同。

姐姐，妳無須因此傷心難過，因為我的外表看起來也不是很好，我也是跟一般狗狗不一樣，無法行走自理，又不好相處。所以我想告訴姐姐的是，內心強大的力量，可以容下外界給妳的挑戰！妳跟我都是最美麗的靈魂戰士！

姐姐妳能瞭解嗎？別怕我會陪妳！姐姐，如果我先走了，請記得我還是會在天上看著妳，與妳同在！

Angel 描述的這些讓我感到納悶，姐姐到底怎麼了？原來，姐姐因為先天的疾病，從出生那一刻，便註定與眾不同，這使得她內心異常敏感，總是在乎別人異樣的眼光。

當我開始跟姐姐對話時，並同步對照 Angel 剛所說的話，姐姐默默的聽著，若有所思的不知該如何回應 Angel，只能淡淡地說：「原來我在外面發生什麼事情 Angel 都知道，但我還是不知道該怎麼做！」我想，Angel 所說的許多觀點，須從生活中去體會及尋找答案，生命會給出答案，也可連結其它的心靈書籍作輔佐。

姐姐另外問到：「為什麼 Angel 在家裡，只有不讓她抱呢？」

Angel 說：「我是想告訴姐姐，不要沉浸在悲觀之中，用樂觀的心態面對妳的生活，但我氣自己不知道要用什麼方式告訴妳，同時也希望妳不要害怕目前所遇到的困境。」

溝通師心得

　　我不斷思考該怎麼去詮釋，Angel 的核心價值，因此想了好幾天，最終歸納出的結論：

　　Angel 希望姐姐能去察覺內在受傷的自己，而不是悲觀的安慰自己，要勇敢去面對陰影與恐懼，能認清現狀和全然接納自身的缺陷，才能自在與真實的自己共處，慢慢一點一滴把自己愛回來，才能真正的轉變生命的逆境，而不再是自怨自艾的埋怨老天爺的不公平。

　　有時候我們不接受自己「被傷害」，使得自己抗拒又難受，與其這樣不如慢慢接納與「傷」和平共處，並在現實生活中帶著勇氣一點一滴轉化。當接納自己的不完美，能夠學會臣服所經歷的每個時刻，去追尋生命的智慧，同時去覺察這背後，要帶給我們的訊息與教導，這也在焠鍊自己的心靈，讓生命在痛苦中蛻變，進而榮耀自己。

　　有愛便有勇氣。對自己慈悲，才能有力量給出，愛自己的能力！在這過程中，自己才能有機會看透各種悲歡離合、看透自己的內在運作、看透所有因果。乘風破浪找回自己的力量，而不被環境打敗，做自己的戰士，為自己而戰，才能看到璀璨又美麗的靈魂！

　　「展現靈魂的璀璨美麗，是 Angel 的核心價值！」Angel 用愛守候，以智慧引領姐姐的心靈，願姐姐重拾生命的喜悅，一點一滴找回自己內在靈魂的力量，當突破生命的困境時，也會間接榮耀默默守候的毛小孩。

　　蝴蝶的生命雖短暫卻美麗，經由不斷成長，最終蛻變成一隻美麗的蝴蝶，即便只是曇花一現，卻為自己留下永恆的燦爛。

　　這篇文章 Angel 提到多次「靈魂」這個關鍵字，是具有深度的一場對話，讓我感受到毛小孩堅韌的生命底蘊。

收錄飼主親筆回饋
—— 溝通後的生活改變或感想

✓ QUESTIONS 01 ： 溝通過程，讓妳覺得不可思議的事情？

　　我離家唸書時，與 Angel 分開生活好一陣子，因此，好幾年牠都不願意讓我摸摸或抱抱，甚至有時會咬我。當時，我抱著沮喪又期待的心情約動物溝通師。

　　動物溝通師讓我瞭解 Angel 不讓我抱的原因，是因為自己內心的害怕，讓牠也感到不安，所以 Angel 嘗試用咬的方式讓我知道：「不要害怕，妳要勇敢。」

　　（這背後的隱喻是當狗咬人，人的內心會產生恐懼害怕，當我們戰勝了這個恐懼害怕，就會更加的勇敢。）

　　動物溝通師請我跟 Angel 說：「我會以勇敢樂觀的想法去面對生活。我已經知道你所要表達的事情了，你願意讓我抱抱嗎？可以不要再這麼兇嗎？」我照做了，果然奏效了！ Angel 終於願意讓我抱，不再對我這麼兇了。

✓ QUESTIONS 02 ： 溝通過程，讓妳覺得難忘的事情？

　　再次預約動物溝通，是在 Angel 離開前一個月，也是最後一次的聊天，Angel 開始減少飲食，在這次溝通之後，我開始回想每一次溝通 Angel 想要表達的事情是什麼？

　　我印象深刻 Angel 第一次溝通時對我說：「妳不要害怕，即使我不在了，我還是會在天上看著妳。」這讓我感到有點安心，就好像牠會一直陪伴著我。

　　Angel 知道，我因為身體疾病的關係，極度在乎別人的眼光，牠希望我能跳脫別人的眼光，勇敢活出自己，也讓我知道：牠會默默陪著我。

　　前面提到 Angel 咬我的那段日子，經過動物溝通師的轉達後，我才頓悟：如果我沒辦法改變自己，是否就會錯過更多與 Angel 相處的機會？

　　我突然感到很害怕，我不可能知道我們之間還剩多少時間，我並不想錯過任何一點時間，因為 Angel 的生命是如此珍貴。於是，我鼓起勇氣把 Angel 抱起來，也成功克服內心的恐懼感，原來 Angel 在等我，等我改變。

　　過了兩三週後，某天凌晨，我陪著 Angel 在客廳散步上廁所時，感覺到牠不一樣了，牠想上廁所，但是力氣不夠，無法順利排泄出來，當時我感覺到害怕，害怕離別的時候不遠了。

　　接近中午，我帶牠到客廳走走，與其說是走走，不如說在牠離開前，須依靠輪椅代步。這一次我鼓起勇氣，告訴牠：如果真的要離開了，就放心離開，不要擔心我，我會好好照顧自己。就在這些話過後，牠用盡最後一絲力氣上完廁所後便離開了。

　　我很慶幸在接觸動物溝通後，在最後那一刻，我能夠勇敢的向 Angel 表達我的想法，我也相信 Angel 能懂。

靈魂的火花

靈魂之間的相遇是可以跨越種種的限制
我用我的生命
喚醒你內在美麗又勇敢的靈魂
人生雖然不完美
但要活出璀璨美麗的那個 「你」
為自己綻放光芒

CHAPTER

04

犧牲之愛
系列

SERIES OF SACRIFICIAL LOVE

犧牲之愛

在壯烈犧牲的愛 毛小孩有太多「不能説的秘密」

當毛小孩不把真相告訴你 是在保護彼此

就讓它成為一個秘密

毛小孩的靈魂既細膩又勇敢 能嗅出命運裡的不尋常

為了你就算再危險艱難 即便渾身是傷也不後悔

愛讓毛小孩變得無所畏懼 承擔一切只為守護你

愛你是毛小孩活著的理由 沒白天黑夜只有你

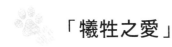

「犧牲之愛」

你曾想過嗎？毛小孩這一生，可能是為了承擔你的痛苦或疾病而來的嗎？

我稱之為「犧牲之愛」。當你的狀態不好時，毛小孩會充滿堅定的意志，毫無疑問地承接你的痛苦。你可能不會知道牠正默默承接你的負能量，讓事件對你產生的傷害降到最低。這是牠回報或分擔解憂的方式，而你卻對此一無所知。

毛小孩會來到你的身邊，是因為「愛」。牠勇敢的靈魂即代表著「為了你，一切在所不惜」，這份偉大的情懷令人肅然起敬，你唯一能做的，不是擔心或自責，只要好好「謝謝牠的愛」。毛小孩並不希望你為牠傷心難過，這一切是牠們心甘情願。所以在動物溝通裡，最常聽到毛小孩說的一句話：「如果你好，我就好；如果你不好，我會比你更不好。」這句話展現毛小孩不惜一切要讓飼主「好」。

科學家證實人類有「第六感」，可以「預知未來」，但在文明社會裡，極少數人擁有此「天賦」。然而「動物的第六感」遠遠超過人類的想像，動物極強的感知能力，能感受到危險正在形成。

在我的溝通經驗中，發現越安靜的毛小孩，越有預知的超能力。毛小孩能與天地之間產生連結，會發出意念去改變所想改變的事情。有些動物會不計一切代價，以「一命換一劫」，天地之間的自然力量匯聚，轉化飼主即將面臨的災難。如果是觀察力夠敏銳的人，會發現其中的蹊蹺；渾然不知的人，則會被蒙在鼓裡，認為一切都是意外，毫無覺察，以下具體舉例。

故事 STORY ❶
以命續命、以命擋災

在「離世溝通」裡面，動物有太多「不能說的秘密」，我也能感受到牠們有許多難言之隱。或許是所謂的天機不可洩漏，不透露真相都是在保護彼此，讓此事成為一個秘密；也或許是一切不需要說盡、說明白，而是你是否能感悟其中的用意。

大概會有兩種狀況的發展：

狀況一：「直覺」感受到不尋常的一切。感性上，自然會選擇無條件相信；理性上，認為無須再追究答案，這類偏屬於通靈體質。

　　狀況二：「直覺」感受到不尋常的一切。感性上，總想再進一步瞭解；理性上，若在認知上如果無法說服自己，就無法全然相信，但會找出可以佐證的線索去確定每個細節，這類偏屬於偵探型。

　　我屬於後者，直覺告訴我，小粉的過世是「以命擋災」，牠犧牲生命為我擋災。一開始我無從查證，而後續遇到一些身心靈的老師，說明了小粉「以命擋災」的神秘力量（請參考 P.39）。

　　在一次個案後，飼主事後與我分享：自從媽媽生病罹癌，身體狀況一落千丈，毛小孩常常守著媽媽，而毛小孩的身體卻開始走下坡。在某一天晚上，毛小孩趴在媽媽的身邊悄然的過世了。之後，媽媽的身體卻逐漸好轉。我們家的人議論紛紛，並討論著這樣的現象，難道是毛小孩為媽媽犧牲生命，讓媽媽身體好轉嗎？所以想要藉由動物溝通知道真相，是否「以命續命」，但毛小孩卻隻字不提，而是希望家人健康平安，不需要再多做聯想。

　　而上文所提的個案，卻讓我回想到十年前，妹妹因為爸爸的生命被醫生宣告只剩三個月，讓妹妹傷心不已。妹妹在無計可施之下，到了一間靈驗的寺廟，許下一個願望，希望能用自己的三年壽命延長爸爸的生命。

　　神奇的事情發生了，隔天爸爸的病情竟然好轉，連醫生都不敢置信病情竟然可以得到逆轉！過不久也出院了，最後爸爸真的也在三年後過世。

　　一切自有神秘的力量在運行，而許多事情無法用理性層面去理解或解釋。鼎鼎有名的心理學家——榮格說：「這個世界無法只用五官去判斷很多事情。」簡單來說，如果你的世界只局限於五官，那你的世界就太狹隘了！

故事 STORY ❷
以命擋病

　　媽媽家裡養了三隻毛小孩，但近況不是很好，所以媽媽想要知道牠們怎麼了。媽媽用淡然的口吻問：「為什麼要不停的咬腳上的毛？到底是哪裡覺得不舒

服？為什麼常常要躲在角落裡，叫你的名字也不肯過來。看你們的神情跟模樣，總是覺得不對勁，你們到底在害怕什麼？」

毛小孩支支吾吾回答：「你的情緒會影響我們，媽媽每天都過得很不快樂，總是在意別人的眼光，也常常用一種『很痛苦』的方式活著，以證明自己的存在。」媽媽一點就通，立刻知道毛小孩想表達什麼。

媽媽卸下心防，但依然淡然地說：「對！我有憂鬱症，可是我對牠們很好，也很用心照顧牠們。」

毛小孩很緊張並脫口而出：「媽媽妳一定要記得，『妳的全部』都會影響到我們，如果妳希望我們好，妳要先好好照顧自己，我們自然就會好了！」

媽媽依然淡然地說：「我知道了，我會試著走出來。謝謝。」媽媽在短短十分鐘結束這次的溝通。

上述毛小孩們的皮膚總是醫不好，其中原因錯綜複雜。這可能代表飼主在某方面過於敏感，而導致人際關係出了問題；或過於在乎別人想法，以致於內心糾結不已，而越想越負面，因此形成低頻的能量而導致憂鬱症。

毛小孩不斷承接飼主的情緒，牠們也會希望把自己的正能量傳遞給飼主，在這彼此能量相互影響下，也會拉低毛小孩的能量。毛小孩會想盡辦法調整媽媽的負面能量，但如果狀況一直沒有改善，當負能量累積到爆棚，就可能導致毛小孩被負能量擊潰而身心耗損，而在人類的眼裡看起來，就像生病了一樣。但去看醫生，怎麼看也看不好，這時候飼主可以反推問題，是否問題出在自己的身上？

但是，牠們對自己身上的「問題」，不一定感到困擾，而飼主卻會感到很困擾。也就是說，毛小孩生病有時候是受到飼主心理影響而造成的，毛小孩是在投射飼主的問題，但如果我們人類不懂得解讀訊息，這種投射也會是一場空！所以飼主的覺察能力也是不可或缺的一環。

毛小孩與飼主是心連心，彼此是共同體，飼主的每一個情緒牽動都有可能影響著毛小孩！你開心的時候毛小孩會比你「更開心」，你悲傷的時候毛小孩比你「更悲傷」。久而久之，毛小孩身體也會生病。

護主心切的狂愛 - 妞妞

不管你身在何處

我的世界圍繞著你轉動

就讓我為愛而生、為愛而行 陪著你快樂悲傷

你的背後有我愛的守候

你的喜怒哀樂我都知道

你不會是孤單一人 因為有我

一連結到妞妞有種「空」的感覺，像是一座空谷，極靜又敏感。若丟了一顆石頭，會發出清脆回音，而回音的大小，會依照媽媽狀況調整，時而安靜無聲、時而清音繚繞、時而轟隆作響。

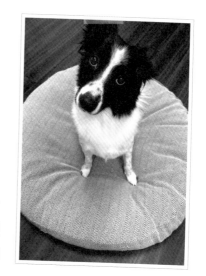

我為什麼要這樣形容妞妞呢？因為妞妞聰明乖巧，遇到關鍵問題，牠總是不願意多一些表達，有一種深層的顧慮存在，所以牠會傳達一種「空」的意念給我。這「空」並不代表「什麼都沒有」，也跟默不吭聲不同，而是你的意念是什麼，就會呈現什麼狀態。「空」涵蓋了所有的可能性，任由我去解讀，如果我的意念是「紛亂」亦或「清淨」，兩者解讀出來的概念，將會往兩極化發展。

這「空」的本質跟飼主的狀況有些雷同，媽媽若在心慌意亂時訴說心事，而動物溝通師任由媽媽訴說，這會變成一場無止盡的慌亂狀態，剪不斷，理還亂；但如果動物溝通師能逆轉混亂的狀態，並引領媽媽觀照當下的心情，便能使她開始自我察覺，並平靜看待自己的狀況。也就是說，媽媽會隨著動物溝通師的狀態而有不同的心境變化。

每當在跟妞妞確認解讀的訊息內容時，牠總是默不作聲，似乎在說：「也可以這麼說，我也不反對。」時空瞬間遁入語言跟語言之間的寧靜中，看似沒有訊息，卻意義深遠，是一種很奇妙的感覺。

媽媽主要想知道為什麼妞妞最近很反常，是因為媽媽的作息影響到妞妞嗎？還是有分離焦慮症呢？

這兩者都不是妞妞的答案，妞妞並沒有說出任何答案，呈現「空」的狀態。於是我對媽媽說：「我們聊一些輕鬆愉快的事情，或許妞妞話匣子會打開，也或許答案會在我們閒聊之中出現。」

媽媽自豪地問妞妞：「你覺得你是人類嗎？」

「媽媽，我知道！我是狗不是人，但是我是擁有高貴氣質的狗。」妞妞深深明白媽媽喜歡這樣的答案，以驕傲卻不失態的方式回應媽媽。

媽媽聽到妞妞的回答，雀躍的與我分享：「大家看到妞妞都會誇牠長得漂亮且氣質高雅，十分地受歡迎，還說毛小孩都會像主人一樣。」

媽媽又接著問妞妞：「最近家裡來了一位朋友，你喜歡他嗎？以後他可能會來我們家住喔！」

「我不喜歡他，但我看在媽媽的面子上，我勉為其難的接受與他互動。」妞妞說。

媽媽與我分享：「我有觀察到他們的互動有些生硬，感受不到真誠。我也知道朋友並不喜歡狗，或許妞妞也有感受到了。但是我從來沒想過，原來狗也會看主人的面子，這讓我大開眼界！」

當媽媽與我分享每一件事情時，最佳聽眾非妞妞莫屬了。妞妞全程參與其中，靜靜地聽著。但我卻想著另一件事情，當媽媽在分享時，為什麼妞妞可以維持在同一個頻率上，且沒太多的起伏呢？這頻率是一種「沉浸」，完全沉醉在媽媽聊著關於彼此之間的生活點滴。但我更想用另外一種的形容，就是「空」，妳丟什麼情緒進去，妞妞就回應什麼情緒給妳，依照妳的狀態去切換自身模式，完全沒有自我。

媽媽不斷誇獎妞妞的優點：「有小天使的貼心與聰明。」媽媽話鋒一轉，氣氛驟變，問妞妞：「你知道媽媽最近的狀況如何嗎？我的狀況有影響到你嗎？」

「頭暈、想吐、腰酸，身心互相影響，腦袋想太多事情了。」妞妞淡淡地說。

妞妞似乎有難言之隱，擔心著若說出口媽媽就會開始胡思亂想，突然停頓了一會兒，不知道該怎麼回答媽媽，於是直接丟一團淡淡的情緒任我解讀，但我感受到這團情緒裡有微弱訊息，想要透露真相卻猶豫是否該說出口，而最後我還是聽見這微弱的訊息了。

妞妞似乎想說：「媽媽被負能量攻擊了，我不知道該怎麼辦，我只能盡我所能，不惜生命的保護媽媽。就算媽媽討厭我現在的行為，都無所謂，因為沒有任何事比保護媽媽更重要。」

媽媽緊張猜想：「有無形眾生嗎？」

妞妞描述的這段話，考驗著我該如何詮釋出既可以讓媽媽接受目前的狀況，又能完美傳達妞妞的話。如果話中出一點小差錯，也許會導致媽媽心生恐懼。

　　最後，從我口中轉述成：「我們身處的世界有無形眾生在走動，這是很正常的事，不用感到害怕，重點是彼此的磁場是否受到牽引。如果妳一直處在低潮，就很容易引來負能量干擾妳。妞妞拚命想要擋住負能量，讓它們無法侵襲妳，所以才不會有事情讓妳感覺很失控。就像妞妞無法放心好好睡覺，因為一點風吹草動，牠都認為是要來傷害妳。牠只想要保護妳，就算妳已經無法忍受牠目前的行為，牠也全認了。往往人類不會去注意這些小細節，但我覺得妳可以重新思考一下。」

　　媽媽似乎被點醒，於是回覆我：「鬼不可怕，最可怕是人心。以前妞妞總是高枕無憂的入睡，甚至到隔天還要我搖醒睡夢中的牠。」

　　我接著說：「妳有發現到每次妞妞在狂吠時，牠吠叫聲裡帶有一種害怕失去妳、害怕妳受傷的意味嗎？牠甚至不惜一切的守護。在我的感覺裡，妞妞沒有太多問題，反而是妳。」

　　媽媽黯然失色地說：「經妳這麼一說，妞妞的吠叫聲的確充滿了害怕和沒安全感，不管我如何制止，牠也停不下來，有時候甚至還會哭嚎。」

　　媽媽緊接著要問下一個問題，但我不疾不徐的告訴媽媽：「我們一件一件事情來看見問題點。首先，回到妳自己，妳無法自我接納，抗拒自己，甚至也抗拒別人，總想要跟別人保持距離卻又辦不到，內心充滿矛盾。其實妳的問題會反映在妞妞身上，所以常使妞妞呈現焦慮不安的樣子，主要是因為你們的能量會互相影響。原本是妳要獨自承受這些負能量，但妞妞卻選擇一起承擔。」

　　媽媽仔細回想生活中的細節，過片刻回覆我：「每次我拉肚子，接下來就會換妞妞拉肚子。」

　　我接著說：「這也是承擔妳負能量表現之一，或許還有，妳可以在生活中再觀察。當妳有更深的覺知，察覺深埋在內心的孤獨、謊言及恐懼，看見問題才有機會擺脫毒害妳身心的情緒。妳的喜怒哀樂妞妞都知道，且也會深深地影響牠。妳好，牠就會好；妳不好，牠會比妳更不好。」

溝通師心得

後來，我慢慢發現到人們時常犯的「盲點。」——力求答案卻不求改變。

相反，毛小孩嗅出「問題點」，選擇奮不顧身——使盡全力求改變現狀。

動物皆有靈性，其中蘊含的智慧是人們學習的楷模。

在日常生活中，時常會面對到有「盲點的人」，我也會發現就算費盡口舌，對方只有聽卻沒有意識到「我到底怎麼了？」，反而會再翻出更多「芝麻綠豆小事」困擾自己。——永遠在求一個答案而不是改變。

核心價值觀不改變，問題只會越滾越大，甚至你會感覺「全面失控」。先把問題根源的「大魔王」找出來面對並處理，其它的「小魔王」則會隨之消失。

而媽媽一點就通，發現她和妞妞是連帶關係，彼此會連動著對方的狀況。知道問題點後，媽媽也表明願意做出改變。

愛的力量

人們常犯的盲點
－力求答案卻不求改變－
相反的毛小孩嗅出問題會選擇奮不顧身
－使盡全力求改變現狀－
平凡的日常生活裡
反而隱藏了不凡的愛的軌跡
即使付出的愛無法得到諒解
我仍願意不惜一切
畢竟 這是我唯一保護你的方式

收錄飼主親筆回饋
—— 溝通後的生活改變或感想

✓ QUESTIONS 01 ： **溝通過程，讓妳覺得不可思議的事情？**

　　這是頭一次做動物溝通，老師說出了很多讓我感到不可思議的事情，所以讓我越來越好奇妞妞更多的事情，妞妞也會注意我在說些什麼，我感覺到與牠之間有交流，我根本懷疑妞妞會讀心術，這種感覺真的很神奇！妞妞很棒！也謝謝遇到動物溝通師，讓我知道我和妞妞彼此之間存在著純粹無私的愛。

✓ QUESTIONS 02 ： **溝通過程，讓妳覺得難忘的事情？**

　　如果未試過動物溝通的朋友，可以嘗試一次，透過寶貝，能知道我們私密的另一面，可能是連自己都沒有覺察到的一面。我相信靈性會比物質更重要，寶貝提醒了我，我也提升自己的身心靈。

　　溝通的過程中，發生許多奇妙的巧合。雖然在溝通中，每當只要問到「關鍵問題」，妞妞總是以旁敲側擊的方式給答案，但我慢慢體會到「答案」跟「問題」已經不是最重要的。重要的是，我們如何去重新檢視自己，如何看待自己的人生，都需要自我提升和修煉，但是我們卻往往只是看事情的表面，急於下定論。就像妞妞，我長期誤會牠，自己還沒發現原來妞妞是在提醒我、保護我。寫不完對動物溝通師的感謝，因為她，我和妞妞得到幫助，所以我願意在這裡分享。

✓ QUESTIONS 03 ： **溝通過後，妳與毛小孩有什麼改變？**

　　這是我的初體驗，處處都感到很驚奇。從來沒想過嘗試動物溝通的我，如果不是妞妞最近狀況很多，我也不會想嘗試。溝通完之後，我發現到妞妞的狀況逐漸有改善，也感覺妞妞更懂事。互相的瞭解，讓我們感情更加濃烈。這種奇妙的感覺，我也說不上來，似乎是我更懂妞妞，而妞妞感覺被懂了。

永生難忘悲壯的愛 - 豆漿

一幕幕的舊事浮現如跑馬燈

嚐盡人間紅塵的坎坎坷坷

毛孩用最悲傷的方式離開

讓你「永遠記得我的存在」

毛小孩短短的一輩子 已成為妳這輩子的縮影

不再堅守濃烈的愛恨 但願能悄然放下

豆漿匆忙的離開人世間，但為什麼要如此的行色匆匆呢？因為豆漿採取最悲烈的方式讓媽媽永生難忘牠這「一號人物」。

豆漿從發病到離世不到一天的時間，連醫生診斷豆漿的病情也說：「豆漿的病情惡化速度太快，令人措手不及，很少遇到。」

在未緊急送去醫院之前，豆漿還吃了牠最愛的罐頭，一副津津有味的樣子。豆漿突然的

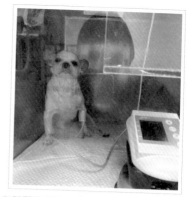

在離開的最後一哩路，仍倔強堅持自己。

驟逝，沒有人料想的到，也讓活著的人意識到世事無常及生命的脆弱。

豆漿這場離世將掀起媽媽內心深處「自我毀滅的黑暗面」。妳的生命日日夜夜的堆砌成為我的生命；最後換來想告訴妳的事情，也是我歲歲月月在做的事情，而這將成為我一輩子的使命。

當我一連結到豆漿，就感受到極為強烈的悲傷，心中有一股倔強不願意認輸的氣息，但卻依然無可奈何且哀傷地訴說：「媽媽總是不明白我的心意，以妳自己的想法看待我，媽媽妳真的有愛我嗎？還是妳只想愛妳想愛的人？我走了，妳會記得我嗎？還是妳會慢慢忘記我？」

媽媽語帶哽咽訴說：「我知道我曾經忽略過你，我有試著去彌補過去遺忘的愛。就算你離開了，我也會永遠記得你！」

豆漿一副不願相信媽媽說的話的樣子，並陷入更深的悲傷裡：「媽媽，雖然妳這麼說，但是我並沒有感受到妳對我的愛，妳只是想逃避自己的愧疚感罷了，妳並不是真正愛我。」

這時候的媽媽慌了，因為媽媽不明白為什麼豆漿要這麼說，明明付出真心，卻換來豆漿對愛的質疑。而我也只能對媽媽說，豆漿這麼說一定有牠的用意，妳靜靜的思考為什麼牠會說出此話。

豆漿不斷地問媽媽：「會忘記我嗎？真的愛我嗎？為什麼我感受不到『妳愛我？』我只看到妳為生活而忙碌，從不靜靜地感覺我的存在，總是忘記我的存在，我不斷在提醒妳『我的存在』，所以我只好到處亂尿尿，妳才會意識到我在家裡。」

「妳總是一次又一次錯過我們彼此能相處的時間，到最後我懂了，我的掙扎，妳是看不到的，我也放棄了。我安靜躲在角落默默看著妳、守護著妳，等待有一天，我要讓媽媽『永遠記得我的存在』。」

於是，豆漿用最悲傷的方式跟媽媽說再見，永遠活在媽媽的記憶裡！

媽媽突然想起豆漿離開，約一個月前的狀況，心有所感地告訴我：「以前我回家，豆漿都會熱烈的迎接我，但從某一天開始，我回家時，豆漿常常躲在家裡的鋼琴底下，一副很不開心的樣子。呼喊牠的名字，總是一副倔強的臉，且躲在角落看著我。」

說到這裡媽媽已淚如雨下，並問我：「豆漿是想告訴我什麼嗎？」

豆漿仍然擺出一副倔強不屈的樣子：「我將以妳最喜歡的方式，讓妳永遠記得我這號人物。如果要以平凡無奇或苟且偷生的方式活著，不如以轟轟烈烈的方式離開妳，讓妳永生難忘，我也心甘情願。」

媽媽聽到這段話不禁大哭地問：「為什麼走得那麼突然？是想讓我後悔曾經沒有好好珍惜你嗎？」

豆漿心情沉重的訴說原因：「當然是，當然也不是！為什麼已經告訴妳，不想做得事情就不要做，為什麼妳偏偏要去做，還忽略我給你的感覺？妳一直都是如此，只因他人用更強烈的聲音蓋過我，所以選擇無視我嗎？」

媽媽原先不知道豆漿在指哪一件事，心慌意亂之中突然想到，便問：「豆漿是在講與朋友出遊的事情嗎？因為前陣子朋友計畫找我出遊，我隱約間有不好的預感縈繞在心頭，但最後還是決定赴約，後來因為豆漿的過世，我也沒去了。」

豆漿沒有正面回答媽媽的提問，心有不甘地說：「或許這是最好的結局，因為不管家裡任何一個人出事情，媽媽都無法承受，但如果是我來承擔這一切，便可以把對媽媽的傷害降到最低。」

媽媽思索著種種的巧合，開始懷疑著之前豆漿的種種暗示，是否不斷地被自己忽略，突然吃驚地說：「當豆漿要離開的那一天，呼吸聲突然變得很急促，連我的兒子也跟豆漿有相同的狀況，還有我的女兒也突然不舒服，種種巧合讓我不知所措，當時的我，不曉得這現象意味著什麼？」

或許有更多的聲音在告訴媽媽，這次的出遊會有意外，而媽媽內心可能早已意識到問題，卻忽略四周給的種種暗示，仍然去赴約，赴這場將引發不尋常的風暴之旅。

　　媽媽接著道出十分詭異現象：「做離世溝通是因為，家裡的兒子又出現呼吸急促的狀況，跟豆漿要離開的那一晚狀況相同。『媽媽，我吸不到空氣』我看著兒子痛苦地講話，我感到十分恐懼，心中一度有可怕的想法閃過。忽然，腦海中閃過豆漿的畫面，我在想，是否牠想告訴我什麼？於是我起了這個念頭，預約了這次離世動物溝通。奇妙的是，小兒子急促的呼吸竟然平緩下來了！我內心深感訝異，難道真的是豆漿？」

　　豆漿哀怨地說：「我總是要用這麼強烈的方式，妳才會感覺到我的存在。我原本可以幸福快樂的過完餘生，但我並沒有選擇幸福度過，反而採取最激烈的方式證明我的存在。」

　　說完後，豆漿瞬間沉默，因為有無數個媽媽的樣子，刻劃在自己靈魂裡，下一秒牠才用悲痛的口吻：「妳要記得我這號人物『豆漿』，永遠不能忘記。」在這一秒彷彿是永恆，停留在此刻。然後豆漿訊息就斷線了⋯⋯。

溝通師心得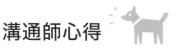

　　媽媽和豆漿在彼此的生命交會中，有喜悅也有傷心，構成一場最真實的人性，隨後使人墜落無盡的黑暗。媽媽就像折翼天使般想飛卻飛不了，唯獨在體內重生新的翅膀，得以飛出黑暗面看見世界的美好。

　　豆漿的狀況隱喻著媽媽內心深處，時常用「陰暗的方式」生活，進而「自我毀滅」。媽媽放不下人世間的愛恨情仇，並作為證明自己存在的動力；而豆漿則製造更多強烈的「愛與恨」，讓媽媽感覺到自己的存在，也讓媽媽明白「愛妳有多深，怨就有多深！」但媽媽從來沒想過要放過自己，讓自己好過，所以豆漿用如此深刻的痛楚，才能讓妳感覺到自己的存在。

收錄飼主親筆回饋
—— 溝通後的生活改變或感想

✓ QUESTIONS 01 ： 溝通過程，讓妳覺得不可思議的事情？

　　當時與朋友約家庭聚會露營，不想去的念頭整整持續了一個月，但最後我還是決定去了。後來在離世溝通裡豆漿提到此事，讓我覺得很不可思議，那時候我的確是不想去，原來是豆漿的意念不斷在影響我。豆漿甚至為了阻止我赴約，而斷送自己的生命。

　　當豆漿講出：「家裡五口人，只有我過世，妳是最能承受我的離開。」這句話讓我感到很震撼。

　　事情過了一年多，在一次家族聚會中，長輩突然提到家族裡的女生長孫，有幾個都是在十幾歲時生病，或出意外走掉，接著又提到最近好多人說想見豆漿，但是我跟他們說：「豆漿已經過世一年多了。」而我在心裡默默想著，如果那天去露營的話，原來是大女兒會出意外，真的是豆漿用命擋下，整個事件的串連讓我覺得很不可思議。

✓ QUESTIONS 02 ： 溝通過程，讓妳覺得難忘的事情？

　　在溝通過程中，豆漿總能一針見血，戳中我內心深處的陰暗面，這些都是我最不想聽的話、最想逃避的事情、最不想承認的錯。而這些情緒不斷地浮現並擴大在我的心中，我只能用眼淚去面對豆漿對我說的每一句話。這也讓我瞬間明白，原來我緊抓著這些血淚的控訴，只是想用來證明自己的存在，引起別人的關注與關心罷了。讓我憶起孩童時，我總是想引起關注，但卻沒有得到回應的過往。

　　我回憶起，當時豆漿在氧氣罩中虛弱的呼吸，讓我有一種不祥的預兆，當他離開氧氣罩去照 X 光時，醫生說：「豆漿休克，必須立刻急救。」一切都來不及了，他已經在手術台上過世了，我萬萬沒想到，這天是我和豆漿相處的最後一天了，一切

來的如此突然，早上還很正常，怎會轉眼間就走了，豆漿十二年的生命畫下了句點。我懷念豆漿，就算牠走了，但牠的愛還是在我心中。若有來世，我希望牠可以更好，豆漿讓我知道愛有多重要。

✓ QUESTIONS 03 ： 溝通過後，妳與毛小孩有什麼改變？

在這十二年裡，我人生的迂迴曲折豆漿都看在眼裡。從我飼養豆漿開始，總自以為是，直到豆漿離開人世間，我才知道，也才願意正視豆漿在溝通中指責的部分，這讓我深深的思考，重新審視自己的人生。

如果沒有動物溝通，我想我現在還是汲汲營營在追求世俗的名利，且一意孤行不顧別人的感受。

愛的印記

愛恨交織的話語及血淚成河的過程
將成為一輩子愛你的證據
狠狠烙印在彼此的靈魂上
不論你身在何方 我會找到你的蹤跡
我會再次別無選擇愛上你

走過奈何橋， 飲下孟婆湯－溜溜

人死後 將脫胎換骨通往下個階段

也如同我們活著的人不去眷戀過往

因為下一段旅程正等著你。

－走過奈何橋永不回頭 喝下孟婆湯忘卻一切－

我用我的生命試著想告訴你，不需要為任何人犧牲自我，對於生活不需要過分認真，只須用一顆赤子之心，來表達對生活的態度。

溜溜做兩次的動物溝通。一次—在世溝通，另一次—離世溝通。

在世溝通

姐姐若有所思地想要知道，溜溜為什麼最近反常的不斷對著空氣凶狠地狂吠。在我一問之下，溜溜顯得有氣無力並表示：「我看到一個媽媽牽著一個小孩。」當下，我在思考如何表達讓姐姐知道，因為我怕會打草驚蛇。後來我只跟姐姐說：「妳可以到廟裡轉換一下磁場。」

姐姐很狐疑地說：「為什麼要去廟裡轉換磁場，怎麼了嗎？還是家裡有無形眾生。」姐姐一說完，我心裡便有譜了，姐姐對無形的世界是有概念的，那我可以試著跟她轉述溜溜的狀況。

姐姐驚訝地告訴我：「我也夢到溜溜剛剛描述的場景。上禮拜我到郊外露營，回來的時候，心不能靜，在半夢半醒，也夢見：『一個媽媽牽著一個小孩』。」

溜溜敏銳地感受到無形中的不尋常，且將醞釀成一場風暴去傷害家人。姐姐和溜溜不約而同說出同樣場景的現象，令我們為之震驚。

溜溜顯得身心交瘁，並用著虛弱的口吻：「我該走了，我已無能為力，我會安靜地走，我也不需要再吃飯，謝謝姐姐帶給我多年的溫暖。」當我聽到這一番話，我立刻感到揪心，並感受到溜溜因為無法再幫姐姐，牠的失落感不斷在心裡縈繞。我告訴牠說：「這不是你的錯，你已經盡力了。」

但這一段對話，我當下不敢把實話告訴姐姐，因為我不知道說出來會造成什麼後果，我只是告訴姐姐：「妳先帶溜溜去看醫生，後續我們再說。」而我試圖

想要瞭解，為什麼溜溜要說這一番話，原來溜溜一直想要保護家人，但因為年老的關係，體力有限，終究敵不過「無形眾生的干擾」。

經過十天左右，姐姐告訴我：「溜溜趁家人都不在的時候，靜悄悄地走了。」

溜溜能敏銳感受到環境中不尋常的能量，溜溜願意犧牲自我承擔一切，盡量讓家人不受太劇烈的影響。

離世溝通

姐姐回顧以往與我分享：「溜溜是從繁殖場帶回來的，我花了一年的時間才走入牠的內心。記得在某一天的夜晚，睡夢中的溜溜突然清醒並睜大眼睛看著我。於是我輕聲細語，溫柔呼喊溜溜的名字，沒想到溜溜居然起身朝我走過來。那一刻我很感動，因為終於等到溜溜願意卸下防備接受我。」

此時，溜溜心中對姐姐泛起一股憐惜並語重心長說：「妳有想過我為什麼要這麼做嗎？我花了一年的時間不斷地在觀察妳。」

動物溝通師翻譯溜溜的「隱喻溝通」：溜溜以不言而喻的方法反映出姐姐長久以來的問題，而牠所表達的行為現象，蘊藏許多訊息內容，因此成為後續解讀的重要管道。

「妳醒著的時候，我總是想知道妳有著什麼思想呢？

妳熟睡的時候，我總是感覺妳正在做著什麼夢呢？

妳難過的時候，到底是為什麼事情而沉默悲傷呢？

妳生氣的時候，到底是為什麼事情而忿忿不平呢？

妳開心的時候，到底是為什麼事情而喜出望外呢？

當我知道關於姐姐的每個細節之後，我便暗自下定決心，我要用我的生命告訴姐姐一些事情。

關於上次捍衛家人的事件，姐姐妳知道嗎？我用盡生命最後的火花，只是想

讓妳明白：『妳是妳，他是他。不要像我一樣癡狂，看見光亮處，便如飛蛾撲火般的奮不顧身，最終斷了翅膀，落下了鱗片，獨自在角落遍體鱗傷，只剩下血淚與沒人知道的沉痛。』

我的光亮處是姐姐，那妳的光亮處是什麼呢？我看見姐姐的善良，但這善良中帶著一種強烈且奮不顧身，如同『飛蛾撲火』般的愛情模式。當一段愛情來襲，妳把滿腹的心思全放在『戀愛對象』身上，也把神魂交給對方，為愛犧牲、沒了自己，貶低自我價值配合對方，我越看越心疼妳，就如同妳心疼我一樣。」

這時溜溜又氣呼呼的訴說：「我走得很瀟灑，我可以勇敢獨自面對離去，而姐姐妳呢？為什麼還是不懂？還是依然對愛執迷不悟，不肯放手？」

姐姐分享在一場療癒旅程中遇見了溜溜

在溜溜過世的一年後，我上了動物溝通的課程，在課程一開始需要自我認識與自我療癒。老師設計了一段療癒課程，在這當中，我閉上雙眼時，竟然看見了溜溜！

療癒大概的內容是：姐姐看見溜溜在奈何橋準備要投胎的畫面，在當時，姐姐內心還未真正放下溜溜，只是在表面上騙著自己和大家，所以當看到溜溜在奈何橋時，姐姐不禁呼喊：「溜溜」，而溜溜回頭了，並看著姐姐說：「因為妳的思念讓我無法投胎。」

在那一瞬間，姐姐發自內心真正地跟溜溜好好道別！從此之後姐姐再也沒有感受到溜溜的氣息，她感覺到溜溜真的離開她了！做完那場療癒，她對溜溜的思念也漸漸放下。

溝通師心得

姐姐這場奈何橋的相遇，無意識的隱喻姐姐生命的處境，同時也蘊含許多的智慧，透過隱喻探究其深層的涵義，故事的內容也暗示瞭解決問題的方向。

當我走過奈何橋，喝下孟婆湯，曾經愛的轟轟烈烈的過往，在彈指間就灰飛煙滅，過去的事已不復存在。就如夢醒了，曾在夢中發生的一切，也會隨之消逝，只剩當下的自己。一切如夢似幻，在剎那間早已幻滅，既然已幻滅，何必再對過去的事情執著不放？

走過奈何橋有個「望鄉台」，你可以在望鄉台前遙望「你最難忘的記憶」，最後望一眼你的「愛恨情仇」，以及讓你「魂牽夢縈的人」。

孟婆湯不是每個人都心甘情願喝下，心裡總有個令你牽腸掛肚而不願意忘記的人，因而在內心發出深深地悲鳴：「我不能忘記他，或許他還愛著我。」妳也可以選擇不喝孟婆湯，但必須跳入忘川河，為愛的人付出代價而受盡折磨，需要再等上千年才能投胎。

當為情執著在忘川河裡，飽受煎熬之苦也留戀千年，但妳卻只能眼睜睜看著妳愛的人一次又一次的過奈何橋，可望而不可及且無法交流，使得妳只能愛的如此蒼涼，無可奈何地遙望所愛的人。千年後妳再投胎，妳愛的人早已不記得妳是誰。

人生中放與不放的選擇，如同過奈何橋般，在情感方面總因不甘心而不願放手，直到我們在絕望中選擇放棄，讓自己不再眷戀的去結束上一段感情，並在低潮中重新點燃自己，在愛中蛻變及重生，重新鍛造出全新的個體，並帶著智慧通往下一個階段。而不是選擇走回頭路，跳入忘川河讓自己痛不欲生，結果換來的是：一切早已滄海桑田，不復存在。

我思考著為什麼毛小孩不直接點出飼主的問題，總是喜歡用隱喻的方式表達？我發現：「尖銳且直接點出問題」，用邏輯思考的方式講述道理，會讓人產生抗拒並反彈；比起「隱喻的故事性表達」，這方式既溫柔又蘊含智慧，是一種連結策略，只要細細地反覆體會其中的道理，不僅會有自我的啟發，更能悄悄地滲透進對方的潛意識裡。

收錄飼主親筆回饋
—— 溝通後的生活改變或感想

✓ QUESTIONS 01 ：溝通過程，讓妳覺得不可思議的事情？

溜溜在世時，我接觸到動物溝通，在那一刻我才瞭解到，每隻毛小孩會來到自己的身邊，都意義非凡。

動物溝通師表示溜溜話很多，講話速度很快，在溝通中不斷地爆料，行徑很可愛。最後溜溜卻很正經地告訴了我一些話，至今仍讓我難忘又感動。溜溜是個知足感恩的小孩，謝謝你曾經來到我的生命中。

面對溜溜的過世，一年過去了，內心至始至終都未曾放下。直到跟老師學動物溝通，做了自我療癒，從那一刻起我才明白，原來我對溜溜的執念，對牠而言是有負擔的愛，也讓牠拖著沉重的腳步，遲遲無法去投胎。

透過這次的療癒，我看到了溜溜，我也正式與溜溜道別說再見。之後遇到一位心靈重量級的老師，我問：「溜溜是否投胎了？」而老師回答我早已經在上個月投胎了，時間核對起來，竟然與做療癒的時間相差無幾！

✓ QUESTIONS 02 ：溝通過程，讓妳覺得難忘的事情？

在還未接觸動物溝通以前，無法想像毛小孩有著和人類一樣的思維；小小的身軀具有強大的意志力，會捍衛及保護主人。

在溝通中，溜溜說：「家裡有一些無形的眾生在干擾，我在趕走牠們。」因為我們家人的特殊體質，才得以明白溜溜的捍衛。

我從來不敢想像沒有你的日子，我會過著怎麼樣的生活？第一次做離世溝通時，我心中不斷地翻騰想問溜溜：「你現在到底在哪裡？你過得好嗎？你有回來看看我嗎？還是此刻你在我身邊呢？」

而溜溜卻用著憤怒的語氣告訴我：「你為什麼總是不願意放下，明知道一切無法再重來，卻執著不願意放手，我不懂為什麼？」

✓ QUESTIONS 03：溝通過後，妳與毛小孩有什麼改變？

溜溜走了一年後，我也學了動物溝通，如果連我自己都沒有辦法幫自己走過這傷痛，我如何有說服力地去幫助他人呢？

於是我做了療癒，對溜溜的情執及牽掛一直深藏在內心，在這一刻徹底浮現在心中，我哭著對溜溜說再見，我知道這不是難過的眼淚，而是我終於鼓起勇氣面對溜溜的離去。在這一場療癒後，我的身心靈得到極大的釋放與舒坦。

在這一路走來遇到對毛小孩離世而放不下的主人，我會與他們分享我的經驗，也謝謝他們願意和我一樣勇敢的放下。

溜溜的離世，對我最大的改變：不再需要時間來沖淡我的傷痛，也不再掀開內心的傷疤，現在反而能無所畏懼面對各種悲歡離合。

喚醒自覺

我用生命喚醒你

「不要過度拘禁自己

這樣你會永遠活在別人的陰影下」

用生命保護生命

以壯烈犧牲的方式來報答你

雖然是蒼勁悲涼

但我願你能更珍愛自己

CHAPTER

05

離別之愛
系列

Series of PARTING LOVE

離別之愛

淚將淹沒離別的愛　無盡的悲傷與思念

飼主面對的是：毛小孩離開的悲傷

毛小孩面對的是：飼主思念的悲傷

牽掛從來不曾斷去　讓另一個愛漸甦醒

愛的氣息不斷　彼此間約定

「你好，　我會很開心　你不好我也會哭泣！

我們都一起好　這樣好嗎？」

「離別之愛」

　　毛小孩在臨終前，並不會害怕死亡的到來，牠比我們想像中的灑脫，但是，牠最害怕的是面對你，因牠的離世會帶給你無盡的悲傷與思念。

　　我稱之為「離別之愛」，毛小孩為了讓飼主的悲傷降到最低，牠的內心已默默在計畫一些事情，而這是牠唯一能為飼主付出最後的愛。

飼主面對的是：毛小孩離開的悲傷。

毛小孩面對的是：飼主思念的悲傷。

　　市面上許多文章，幾乎一面倒在訴說：「毛小孩離世了，允許自己沉浸在毛小孩離開你的情緒浪潮裡，允許自己悲傷、允許自己思念。」看完類似文章，我內心卻產生不同的想法，當我們不影響別人，正常宣洩自己的情緒，這的確沒人可以干涉，但是人們有想過，已經離世毛小孩的感受嗎？

　　我常常跟身邊的人說：允許宣洩自己的情緒，或許有更好的做法，但如果你有機會瞭解，離世毛小孩的感受與心聲，或許你的傷心就會減掉一半。

　　我之前不接「離世溝通」，因為我認為「在世溝通」的個案不計其數，已經接不完了。當時，不接的想法還有：「何必再去糾結已經離世的毛小孩，該走就讓牠走，做無謂的眷戀，只是更難捨難分。」但我偶爾還是會接零星的離世溝通的個案，我也慢慢在離世溝通個案中發現，一旦飼主知道毛小孩的心聲，內心似乎能慢慢釋懷並走出傷痛。原來，離世溝通的領域有不可被忽略的重要性！

　　這讓我想起曾經有一個個案，讓我印象很深刻：這是一個在鄉下田野的故事。毛小孩發現前方的車子飛快逼近正在撿東西的媽媽，毛小孩便奮不顧身用肉身擋下，搶先一步讓車子撞飛牠的身體，車子才停下來，不會直接撞上媽媽。

　　媽媽看到這場景，知道毛小孩是為了救她而犧牲自己的生命，於是自責不已，終日以淚洗面，最後抑鬱到無法正常生活。常常摸著毛小孩生前的物品，躲在毛小孩常常待的地方，像是失了魂一樣，讓家人不知道該如何是好。偶然之中，媽媽得知有離世溝通，在無計可施之下決定試試看。

　　媽媽在這一場離世溝通中，散發出濃厚的悲傷與自責，但毛小孩告訴媽媽：

「妳不要再自責難過了。我在另一個世界過得很好又自由，奔跑的草園又漂亮又大。媽媽，我為妳犧牲，這些動作都出於我的本能反應，也不是妳的錯。我們就在這一次好好說再見。如果有機會再遇見妳，我希望妳一切都過得很好。」

媽媽在這一場溝通中，再次感受到毛小孩的存在，大哭著答應毛小孩：「我會好好的，你要記得來找我。」說也奇怪，經過這次的溝通後，媽媽的狀況逐漸好轉。

之後收到媽媽感謝的回饋，也讓我內心更加篤定，要致力做離世溝通的領域！因為還有許多潛藏、未知的飼主，始終無法走出失去毛小孩的痛苦，渴望毛小孩從來沒有離去，此時飼主的狀態浮浮沉沉，並在心中聲聲呼喚著毛小孩的名字，同時在無處可訴說的思念，以及傷痛中備受煎熬。

我們寫出許多如何哀悼毛小孩的文章，讓飼主悲傷的心情得以緩和，但對於離開的毛小孩呢？牠們卻要獨自面對飼主的悲傷及思念之情。或許可以藉由動物溝通師這個媒介，讓彼此達到共識：「我們都一起好，這樣好嗎？這是我們之間的約定」、「你好，我會很開心；你不好，我也會哭泣。」以下舉例。

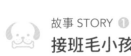

故事 STORY ❶
接班毛小孩

毛小孩在世時，希望飼主先找一隻年幼的毛小孩回來，先讓牠好好調教，再交到飼主的手中，牠就算離開也會比較放心！

媽媽第一次做動物溝通，聽到毛小孩說：「希望媽媽可以再認養一隻跟牠相似的毛小孩。」時，媽媽以為是要與牠作伴，細問下才知道，毛小孩擔心如果牠哪天過世了，媽媽會不習慣身邊沒有毛小孩的陪伴。如果媽媽能先找另一隻毛小孩回來，牠就可以先調教新來的毛小孩，讓新來的毛小孩知道媽媽的習慣。

媽媽當時聽到後，感到很不可思議，毛小孩竟然說出這一番話來，因此在半信半疑之下，想要再找第二位動物溝通師證實這一件事，因而輾轉找到我。媽媽不斷用試探的口吻，詢問上次的談話內容，結果毛小孩又說出一樣的話，媽媽瞬間感動落淚並說：「你的位子沒有人可以取代，可以不要這樣想嗎？」

透過上文，讓我想再分享之前遇到許多類似的個案，關於毛小孩預告著自己

即將離世，希望能再養另外一隻毛小孩來陪伴飼主，即使哪一天離開了，至少還有另外一隻毛小孩陪著飼主，度過失去自己的傷痛；也有勸飼主不要再領養有天生疾病的毛小孩，因為牠們只能用短暫時間陪伴在飼主身邊，這只會讓飼主再次經歷傷痛罷了！也有刺蝟建議飼主養狗，因為牠發現養狗能讓飼主獲得更多的愛與幸福感等諸如此類接班毛小孩的個案，只是以不同的形式接班。

毛小孩就算即將離開飼主，也會回想起過往的種種，並想盡辦法找出最適合飼主的接班狗，讓毛小孩自己走的安心。

故事 STORY ❷
天使哥哥愛的傳承

媽媽好奇著，關於她平日所觀察的一切，期盼我是否會說出符合她內心所想的事情，但是在溝通前她並沒有說破。

媽媽好奇問未滿一歲的毛小孩：「為什麼個性突然大轉變，以前是調皮搗蛋，到現在卻變得超齡，且既成熟又懂事，你怎麼了？」

毛小孩簡單地說：「已經死去的毛小孩，回來過。」聽到這，我心中大概有譜，便問媽媽說：「現在毛小孩的個性，是否跟天使哥哥的個性有許多相似點？」

媽媽表示：「現在所有的行為舉止、感覺、個性，都很像天使哥哥。」

後來我與毛小孩釐清來龍去脈，毛小孩告訴我：「天使哥哥會定期回來看媽媽，而天使哥哥總是交代我，不要給媽媽添麻煩，還要我必須快速學習如何變得成熟懂事，不然無法達到天使哥哥的標準，牠也交代了許多事情，而我就每天努力地學習。」

沒錯！毛小孩正是來接天使哥哥的班，正式成為「接班狗」。天使哥哥教導毛小孩，如何接班的細節，讓毛小孩能有模有樣地擔起這個角色。

媽媽也曾經懷疑過，是否是天使哥哥傳承給現任毛小孩接班？而經由這次的動物溝通，終於親自確認了在心中困惑已久的問題。對於天使哥哥的付出，媽媽內心充滿感動，雖然牠已離去，卻默默安排愛的傳承，讓媽媽仍然可以透過新來的毛小孩，感覺到天使哥哥一直在自己的身邊，不曾離去。

給媽媽一封信 - 莎庫拉

原來愛　不是擁有

而是懂得放手並含著眼淚凝視著對方

看著對方轉身離開

給予最深厚的祝福

收到的預約是一對已年邁的毛小孩母女，十七歲的高齡媽媽與十五歲的女兒。未溝通之前，原先預期是段賺人熱淚的故事，但我錯想了，並沒有我想像中的感人，而是一種無能為力的感覺。但我跟媽媽結束通話後，竟然有戲劇化的轉折。

一連結到莎庫拉，就感受一副冷漠與倔強的氣息，似乎事不關己的樣子，不願意多說什麼。

媽媽最主要想知道：「莎庫拉最近的身體狀況與為什麼幾乎都拒食？不管怎麼餵牠食物都抵死不從，牠到底怎麼了？」我聽出媽媽萬般的無奈。

對於媽媽提出的問題，牠總是用冷冷的態度或以沉默來回應媽媽。所以我將話題轉向媽媽：「妳能感受到牠的理性嗎？莎庫拉內心似乎在抵抗些什麼。」

「莎庫拉最近給我的感受總是理性看待一切，心思很深沉。但是，牠以前不會一副冷淡的樣子，最近卻開始這樣……。」媽媽言語間夾雜無奈及難過。

莎庫拉以冷漠的態度面對這次的溝通，其中我感受到牠的「無聲抗議」，但在抗議些什麼？我無從得知。莎庫拉一句話都不肯說，我跟媽媽只能無奈結束收場，我想也只能這樣了！當停止通話時，我們以為都結束了，但事情的走向竟然有出乎意料的轉折，這場溝通還沒結束！我知道莎庫拉還在線上，或許莎庫拉無法正面與媽媽對話，因牠害怕場面會太傷感，所以選擇媽媽下線時，道出自己的心聲。

這時候，我感受到不同面貌的莎庫拉，牠卸下冷漠無情的面具，並散發出悲傷與不捨，請我轉達讓媽媽知道：「我愛媽媽，謝謝妳一直來的照顧！如果我走了，妳要好好照顧身體，我不希望妳對我有太多的牽掛，所以沒有講太多的話，希望媽媽可以見諒。」

莎庫拉請我拿起筆來，寫下一封給媽媽的信。看著莎庫拉描述的字眼，同時撼動著我的內心，我越寫心裡也越酸。

給媽媽的一封信：

我不是冷漠，而我是在道別，慢慢地道別！用我虛弱的身體告訴妳，不要太掛念著我，妳才不會覺得我走得太突然，該放下了。或許在別人的眼中，我是倔強固執，但你們都錯了，你們都看得太淺了！我冷漠的背後藏了多少豐沛的情感，你們有看見嗎？我的愛，是深層的愛，深到看不見底，妳能理解嗎？我不想看到妳掉眼淚，所以我必須冷漠以對！如果妳心累了，妳才不會哭得太用力、太累！

媽媽，我會記得我們之間的點點滴滴，如果我哪天消失了，希望妳能開心帶著一將將（狗女兒），不要讓悲傷圍繞著妳。媽媽，妳要記住我的消失，不是真正的消失，而是暫時的消失，是為了下一次能用健康的身體遇見你。

媽媽等著我再與妳相遇－深愛著妳的笨女兒。

我把這段話轉成文字檔傳給媽媽，並且說：「莎庫拉這一段的真情流露的表白！希望牠有讓妳感受到正面的力量。」我期待著媽媽會有什麼反應。

媽媽用文字回應我：「謝謝！溝通師，我相信老莎是有內涵的狗。妳道出老莎的心聲，牠平常就是不動聲色，老神在在，對狗而言牠是老謀深算。我很用心看了老莎轉答的話，我哭了。當我在看這封信時，老莎眼神直盯著我看。我總覺得老莎除了不會說話，我的一言一行牠都懂，我心情好多了。」

我內心感到欣慰又開心，因為這封信觸動媽媽的內心深處。更重要的是，媽媽有感受到老莎的正能量，心情變好了。

我回覆媽媽：「我覺得老莎是仔細想過每一個環節，所以可以尊重老莎的作法，讓媽媽有心理準備，勇敢好好道別和說再見。牠想著：『如何讓媽媽接受這場的離別，不至於太過於傷痛，也讓彼此沒有遺憾的面對這場生離死別。』」

兩天過後，媽媽傳文字說：「謝謝妳，這兩天老莎心情變好了，露出久違的笑容。今晚老莎一樣不進食，我沒有強迫牠，但我覺得老莎意識很清醒，感受到我的改變。也許我真的該放手讓牠去吧。」

我回覆媽媽：「老莎心情的轉變，讓牠露出久違的笑容，是因為老莎看見妳，願意接受牠的現況，鼓起勇氣願意讓牠走，而不是互相的拉鋸戰。最終達到共識，老莎終可放下心中的大石頭。我很動容，為妳們開心。」

收錄飼主親筆回饋
—— 溝通後的生活改變或感想

✓ QUESTIONS 01 ：**溝通過程，讓妳覺得不可思議的事情？**

　　我家的寶貝莎庫拉，已經去世了快兩年。當時，莎庫拉還在世的時候，即使我知道牠已經時日不多，但我還是害怕這一天的來臨，我的內心充滿了恐懼和害怕，更多的是放不下。我捨不得莎庫拉身體日漸耗弱，也不願意進食，這讓我更害怕加速牠的死亡。

　　而我在無意間找到動物溝通師，我想要知道老莎的狀況現在如何，想聽聽牠的心聲。當時老莎透過動物溝通師，轉達一段話給我，字字句句都讓深深打動我的內心，這過程中的轉折都令我感到不可思議。

✓ QUESTIONS 02 ：**溝通過程，讓妳覺得難忘的事情？**

　　經過這次溝通，讓我安心不少，也知道老莎在病痛中的感受與心聲，讓我更有方向，且知道該如何走下去。動物溝通師提到：不要再餵食老莎，因為老莎不是不願意吃，而是真的吃不下去。那時候，因為牠總是不吃東西，我在無計可施之下只好用灌食的方式。也因為透過溝通後，我才驚覺，餵牠吃食物是在增加牠的痛苦，所以我停止灌食。此時我感受到老莎終於願意輕鬆面對我，而露出微笑。在那一刻我終於懂了「放下。」

　　我也減少醫療對老莎的摧殘，因為我知道老莎要走了。老莎在臨終前，我看到牠眼中的淚水，我感受到牠的不捨，我知道老莎即將要離開我了，我就算內心百般地不捨，我還是放開胸懷讓牠走，讓牠感覺到我的祝福而不是眷戀。我想這也是老莎所希望的結局吧。

因為透過這次溝通，讓我們心靈有所釋放，老莎知道我害怕失去牠，而我也知道老莎牽掛著關於我的失去與害怕。一起生活了十六年，我在這一場離別學會了，放手與祝福，將所有的牽腸掛肚與思念化為祝福，

最後，我希望老莎能在我的懷裡離開，當老莎要離開的那一刻，我也陪著牠走完人生最後一刻。但因為老莎卻顧慮我在身旁，於是不斷掙扎著不願意斷氣，我感受到了。我想要讓老莎走得瀟灑，於是我轉身離開後，不到半個小時，老莎就永別人世間了，我遺憾著無法陪伴老莎嚥下最後一口氣。老莎要走了，還是顧慮著我的感受，害怕我看見牠嚥下最後一口氣的樣子。老莎真的走了！那瞬間我心痛不已，但依然勇敢面對著老莎的離開。感謝牠來到我的生命中，這些點滴在心頭，唯有將感謝化為輕羽，祝福遠行的她一路順風。

時間過得真快，從老莎身上學習生離死別、學會樂觀面對。我們的生命中擁有太多愛而不自知，我們是否能珍惜當下那滿滿的愛。

失去雖然悲傷，但得到的更多，毛小孩短暫的生命豐富了我的生活。緣到而聚，圓盡則散，只是我們有緣分聚在一起罷了。生命的存在有著特別的意義，讓我們更加珍惜相聚時的歡樂。

無所畏懼

生命沒有所謂的失去
因為從來沒有被擁有過
我的出現只不過讓你學會
失去而不是擁有
不要害怕失去
因你將學會人生的瀟灑與放下

貓家族的中心思想

我如流星劃過你的生命 照亮過你燦爛的生活

往後生命中再度會有流星劃過你的天空

依然能有不同愛的火花

不要回頭眷戀 困住自己

把曾經彼此生命的故事 永流傳在心中

這次的個案有四隻貓咪，就像開了一場家庭會議。一連結到貓老大，就有一種平靜成熟的特質，但我感覺到貓老大雖然獨立但卻活得很壓抑，平靜成熟不是貓老大真實的個性，而是牠刻意營造出來，給他人的感覺。

這其中到底發生什麼事情？迫使貓老大無法展現真實面貌而必須學著成熟懂事。

貓老大內心自責又擔心，一開口就請我轉達讓媽媽知道：「不要害怕失去，我一直都在。媽媽又養了三隻貓咪，都是為了我。」

我向媽媽轉述貓老大的個性狀況與牠的話時，媽媽百感交集地說：「我一聽到妳轉述貓老大獨立的個性，我很心疼，原本的牠不是這樣的。」媽媽濃厚的悲傷情緒逐漸蔓延開來，從電話中我聽見媽媽啜泣聲，她頓時淚如雨下。我還來不及反應，心想到底怎麼了？為什麼這麼一句話，深深觸動著媽媽的情緒。

媽媽邊哭邊訴說著關於她跟貓老大的故事：「經歷過前貓寶貝的離世，我當時天真以為再養另外一隻貓，可以弭平心中的痛。於是到了寵物店把貓老大買回來，我心裡明白這份愛是不公平的。」

在媽媽的言談中，我感受到媽媽對貓老大的心疼與歉意。媽媽沉浸在回憶的漩渦中，更陷入悲傷的情緒，接著又說：「三個月的貓老大，對這世界充滿好奇，東走走、西跳跳，一天到晚打破杯子、花瓶等等太多東西了。

而每天被工作淹沒的我，回家早已經虛脫，還有一堆家務事等著我收拾。像是時常可以聽到玻璃摔碎的聲音，我就知道牠又跑到廚房去搗蛋，長期下來造成睡眠不足導致精神耗弱。貓老大已經八個月大，狀況沒有改變，我依然常見到滿地碎玻璃，有天我理智線完全斷線，抓起拖鞋打牠的屁股，這是我這輩子第一次動手，也是最後一次。我永遠記得貓老大眼裡盡是淚水。」後來我帶老二回家時，貓老大才變成跟小時候調皮的個性完全不一樣。

老二，是整個事件的關鍵角色。溝通一開始貓老大提到：「不要害怕失去，我一直都會在，媽媽又養了三隻貓咪，都是為了我。」

這句話道出其中秘密：因為媽媽在貓老大身上，感受不到離世貓寶貝的影子，於是媽媽又帶回有離世貓寶貝血統的老二。貓老大看見老二回家，當時以為媽媽不要牠了，才驚覺到，原來媽媽一直在想念已過世的貓寶貝。貓咪能穿梭於陰陽兩界。由於貓老大內心開始慌亂，不知道該如何是好，於是跟靈界的「已過世的貓寶貝」有了連繫。

貓老大詢問貓寶貝該怎麼辦？貓寶貝眼見時機到了，與貓老大達成協議說：「我已經等你很久，你終於願意來求救了。如果我給你一個小妙計，你將要在這一世，都要照我的話去做，不能有自己的意識，要接續我完成陪伴媽媽的使命。」貓老大在無計可施之下，加上因害怕失寵所以答應了要求。

過世的貓寶貝，開始告訴貓老大關於媽媽日常生活的點滴，例如：媽媽喜歡的生活模式、個性表現、內心遺憾的地方，因媽媽是獨生女，需要類似姐妹的陪伴。過世的貓寶貝使出絕招說：「可以學著我的個性喜好，讓媽媽對你有前所未有的熟悉感，媽媽內心的空虛將由你填補，你也會擁有我的特質，但不能讓媽媽發現其中的不對勁。」貓老大照單全收，並開始在媽媽的生活中執行所有細節。

我好奇地問媽媽是否注意到：「貓老大，為了不讓妳發現，看妳的眼神是時而疑惑、時而飄忽、時而專注，無法光明正大看著妳。」

「雖然貓老大常常默默的看著我，可是只要眼神一交會，牠就飄走，沒辦法注視我。」媽媽說出相同的情節。

我接著說：「媽媽看得出來貓老大在壓抑自己的個性嗎？牠在妳面前必須維持成熟穩重的樣子。但這並不是牠真實的個性。」

媽媽有發現此狀況並說：「家人告訴我，我不在家的時候，貓老大常常會在家裡爆衝、亂叫、亂嗨等。但是，自從老二來之後，貓老大在我面前從未這樣，而是淡定又成熟，有時候還會擺出網美姿態。」

媽媽突然有感而發地說：「貓老大很害怕我生氣。像是生活上難免有人與人之間的衝突發生，那會導致我瞬間怒髮衝冠。而貓老大總能迅速感受到不尋常的氣氛，用小心翼翼的神情看著我，不敢輕舉妄動，並思考著下一步該怎麼做，簡直與小時候是天壤之別。」

這回覆使我心中更有把握，貓老大傳承了之前過世貓寶貝的使命。我期待著媽媽的回答，是否符合我心裡所想的，於是我問媽媽：「你有發現到貓老大跟貓寶貝在個性上有許多雷同之處嗎？」

「對！當時，我發現貓老大開始喜歡貓寶貝的東西，生活細節與感覺也越來越相似，但另外三隻貓並沒有特殊的感覺。」媽媽回答。

這一問，幾乎是真相大白了，完全符合貓老大告訴我的實情，雖然無法去證實貓老大話語中的真實性，但牠的行為說明了一切。

我開始分析著另外三隻貓咪的個性與狀況：

「老二個性感覺是家裡的協調者，很像天秤座的個性！公正地看待每一件事情，喜歡張羅家裡的事，家裡有任何狀況問老二就對了，老二能明確的指出關鍵問題。」我說。

「對耶！老二很像天秤座也是管家婆，什麼都要管，像是便盆、飼料、罐頭或電燈窗戶有沒有關等，有時候我在追劇時，還一直叫我去睡覺，我只好回房間用手機繼續看。」媽媽迫不及待地回應。

老三一開口就對我品頭論足，當時，我的直覺告訴我：「老三愛漂亮、愛爭寵、不喜歡被冷落。」

「對！牠就是這樣子，愛漂亮也很喜歡穿衣服。」媽媽驚呼表示。

老四個性：「溫和、懂得察言觀色。」但後面確認判斷失準，我問老四為什麼要給錯誤的訊息？

「因為害怕媽媽今天問我很多問題，怕不知道該怎麼面對。」老四畏畏縮縮地輕聲回答。

我告訴媽媽：「老四，知道妳有很多問題想要問牠，牠正在擔心害怕！」

「對！牠的問題最多，但請牠不要害怕和擔心。」媽媽請我轉述給老四。

貓家族的中心思想：

我們的存在是為了療癒媽媽，貓咪們各盡自己的本分，目標是一致的。不讓

媽媽操心，能讓在外工作的媽媽回到家後，可以好好休息和放鬆，看到我們就感覺到世界的美好。

　　貓老大雖然平常看起來不管事，但是自從接收到貓寶貝的指令，便開始以身作則的執行愛媽媽的使命，且影響底下的弟妹們，一同營造出體貼和愛媽媽的氛圍！

　　「神奇，藏在日常生活的細節裡，像流星般在生活中快速劃過，只是，你捕捉到了嗎？」

愛的延續

每份愛是獨特的存在
我願化成你的眼淚
慢慢填補你心中的空虛寂寞
療癒你傷痕累累的心
傳承－貓天使 未了的愛
完成今生愛的使命

收錄飼主親筆回饋
—— 溝通後的生活改變或感想

✔ QUESTIONS 01 ： **溝通過程，讓妳覺得不可思議的事情？**

　　原本，只是好奇家裡的貓咪們在想什麼，當貓老大一開口，說中我心底不願意去面對的事情時，我的情緒瞬間崩潰且大哭了起來。因為我對貓老大虧欠最深，當時為了彌補心裡的空虛，以為愛可以轉移，所以把貓老大當作之前過世的貓寶貝。

✔ QUESTIONS 02 ： **溝通過程，讓妳覺得難忘的事情？**

　　當時，我仍然無法填補內心深處的空虛，因為貓老大和之前的貓寶貝完全不一樣。隨著時間的流逝，我再也沒有從貓老大的身上，尋找已離世貓寶貝的影子。貓老大成熟獨立，從來不讓我操心，很有老大的風範，這樣反而讓我更加心疼。總是捨不得貓老大獨自在家裡等著我回家，所以我後續又養了三隻貓。

　　溝通過後，我才深深瞭解到：愛是不能代替或轉移的，每一個愛都有它獨特的存在，牠們對我的愛是世界上最純粹無瑕的！在忙碌的生活裡，很謝謝有牠們的陪伴，總能在無形中療癒身心疲勞的自己。

✔ QUESTIONS 03 ： **溝通過後，妳與毛小孩有什麼改變？**

　　這十四年對貓老大虧欠於心，在未溝通之前，貓老大只會站在旁邊偷偷看著我。經由這次的溝通後，貓老大和我之間的距離越來越靠近，開始經常對我撒嬌，彼此之間像親姐妹，感情越來越緊密。

　　我希望貓老大當一隻無憂無慮的貓，開開心心的過日子，其他的都不重要了，我已經什麼都理解了，自己也更加懂事，希望牠不要再擔心我。

「接班狗-COCO」-黑妞

生命中不能承受的痛

隨著天使狗「心」已「死」去

一手埋葬了牠 另一手埋葬了自己

深深感覺到自己的靈魂在受苦 沒有勇氣再愛

因為失去有多麼「痛」

你心中的愛不要因為我而枯竭

延續心中的愛-「天使狗」指引「接班狗」

這份愛沒有消失 讓這份愛延續下去

黑妞，已離世八個月了，媽媽在夜深人靜時仍以淚洗面，淚水的背後盡是愛到深處的「痛徹心扉」與朝朝暮暮的「深切懷念」，內心總渴望著黑妞從未離去，希望黑妞仍陪在她身邊。

媽媽回顧往昔，分享她與黑妞的故事：「黑妞是在一個停車場撿到的，當時只有六個月大，個性既乖巧又懂事，幾乎是零存在感，帶去哪裡幾乎都不會有人發現黑妞的存在，所以往後有我的地方就有黑妞陪在我身邊，彼此之間幾乎是形影不離，我們共同展開十八年的生活點滴，有著許多美好的回憶。

接班狗 coco，舌頭有黑色斑點的記號。

黑妞在世的時候，身體健康，幾乎鮮少生病，即時已經到年邁的階段，依舊身體健康，維持得很好，從未讓我擔心及害怕過。直到黑妞十八歲時，因為一場急性腎衰竭，竟然在短短一週內奪走牠的生命，也因此離開我的生活中，去當美麗的小天使。我到現在還是無法接受黑妞的離開，一切來得太快，快到我措手不及，完全沒讓我有心理準備。黑妞明明在一週前還活蹦亂跳的沒有什麼異狀，就這樣走了。」

彼此的相遇到相惜，並成為生活中不可或缺的一部分。黑妞的離世是媽媽「生命中不能承受的痛」，媽媽面對黑妞的過世，我能感覺到媽媽不願意面對事實，於是不斷想要抓取更多關於黑妞的氣息或訊息。

媽媽在訴說著關於她們故事時，每一句都瀰漫著悲傷的氣息，而我聽見了心碎的聲音。媽媽與黑妞的情感已經不是三言兩語可以道盡，媽媽甚至把黑妞看得比自己的生命還重要。

媽媽隨著黑妞的逝去，「心」也跟著「死」去，一手埋葬了黑妞，另一手埋葬了自己，靈魂像被掏空般、也像行屍走肉般，以失去生命的滋味過日子。

媽媽為了延續對黑妞的愛，投入流浪狗的救援，然而日常的救援與工作的時

間，讓媽媽暫時忘卻對黑妞的思念。但隨著時間推移，媽媽發現她高估了自己的堅強，以為忙碌的生活及時間的流逝，可以讓自己逐漸釋懷黑妞的離開。

然而現實總是殘酷的，時間並沒有沖淡一切，思念黑妞的心，總在黑夜中悄悄爬上媽媽的心頭，也同時縈繞在腦海裡揮之不去，無法控制的思念不斷地纏繞著心頭，造成媽媽情緒瀕臨崩潰的狀態，這思念之情已經大到她無法承受，情緒如潰堤般宣洩而出。

我聽著媽媽心痛地訴說，關於黑妞離開這八個月的日子裡，媽媽對「黑妞的思念之情」。在寂靜的黑夜裡，總是感到時間特別漫長，而思念無處安放。媽媽孤寂茫然的躺在床上，回憶悄悄觸碰落寞的心房，一閉上眼睛，腦海中充斥著黑妞的身影，感受彼此曾依偎在一起的溫度，以及眷戀著當時溫馨的畫面，與黑妞相處的日子在媽媽腦海中一幕幕播放著。

媽媽一提到對黑妞的思念就瞬間淚流滿面。眼淚，是一種無聲的傾訴及無助的哀慟，一個人默默扛著「黑妞已離開自己的悲傷」，一夜又一夜的輾轉難眠，努力的熬過每一秒，想放也放不下，這一切談何容易！

在因緣際會下，輾轉找到我，透過「離世動物溝通」，讓媽媽知道黑妞心中的想法，讓彼此之間能好好的說再見。

「黑妞，你好嗎？我好想你！」媽媽開口第一句話的語氣，就藏不住心中滿溢的思念。

黑妞和媽媽雖然存在同一個空間裡，但卻是陰陽兩隔。黑妞在「靈界」有一道隔層，所以，媽媽看不到黑妞，但黑妞卻時常默默看著媽媽，並且知道她時常在夜深人靜時，獨自哭泣且難過、悲傷地想著黑妞，這一切都看在黑妞的眼裡並深深放在心裡面。

黑妞即使心裡有再多的不捨，但語氣依舊鎮定並緩緩地說：「媽媽不要再傷心難過了，妳每次一哭泣，都讓我跟著妳再心痛一次，妳哭多久，我就在旁邊陪妳多久。妳越是悲傷，我越無法放心轉身離開到下個階段。我和妳都一直處在悲傷的狀態裡，但我們無法去改變既定的事實，只能困在悲傷裡什麼都做不了。妳過得不好，我怎會過得好呢？」

媽媽像熱鍋上的螞蟻般著急問黑妞：「你為什麼過得不好呢？」

「媽媽難道妳還不明白嗎？只要妳不好，我就不好，如果妳很好，我將可以放心走下一個階段。媽媽我們一起約定，我們都要很好，這樣好嗎？」黑妞語重心長只希望媽媽能瞭解。

媽媽似乎漸漸明白，也感受到黑妞的心聲，於是，乾脆地答應了黑妞：「我會試著不想你，讓自己慢慢振作。我此生能遇見你是世界上最幸福的一件事情，謝謝你陪了我十八年的日子，黑妞我永遠愛你。」最後媽媽答應黑妞不再悲痛的落淚，而把這份「愛黑妞的力量」投入在救援流浪狗的活動中。

溝通師心得

靈魂是獨立的個體，生死即是：「孤單的來，孤單的去」，每個靈魂有自己要走的階段。若是因為一個執念，就會耽誤他們邁向更進一步的靈性道途！世界的運作即是萬物生生滅滅，一個生命離開世間，另一個新生命再復活到世間。這新生命從何而來？也是從過世再投胎而來。這也在告訴我們：雖然至親離世，但這之間尚未結束，而是有緣會再相見，故不須情執，祝福是對彼此最好的選擇！

毛小孩的壽命大概落在十幾歲左右，飼主幾乎須面對牠們的離世。若不能體悟到這一點，以致不敢面對而選擇逃避，造成互相的牽絆與罣礙，將會形成彼此的阻力。所以我們要以正向的言語去祝福毛小孩的離去，告訴他們：請放心！昂首闊步的往下一個階段邁進，無須再掛念家人！

收錄飼主親筆回饋
—— 溝通後的生活改變或感想

✓ QUESTIONS **01**：溝通過程，讓妳覺得不可思議的事情？

　　當動物溝通師問我：「請問妳背上有刺青嗎？」我整個人嚇傻了，因為動物溝通師沒看過我的照片。而在溝通過程中，逐漸幫我釐清了心中許多的疑問。

✓ QUESTIONS **02**：溝通過程，讓妳覺得難忘的事情？

　　我不斷地叮嚀黑妞，要等我在你的身邊時才能離開，不要忘記，但黑妞卻選在我上班的時候走了。這點我很想知道為什麼？後來動物溝通師告訴我：「因為如果我在的時候，黑妞會捨不得走，所以挑我不在的時候離開。」

✓ QUESTIONS **03**：溝通過後，妳與毛小孩有什麼改變？

　　還未做動物溝通前，我在這八個月以來，沉浸在痛失黑妞悲傷的情緒中，我無法接受牠的離開。但在做完動物溝通後，我釐清心中很多疑問，也瞭解黑妞的心聲，於是我痛定思痛的做出改變，我選擇祝福黑妞。

　　做完動物溝通的兩天後，我感覺到黑妞回來看我了，內心漸漸趨於平靜不再悲痛。我在內心對黑妞說：「你安心的走吧！我答應你，不會再因為想你而每天傷心的哭泣了！」

　　經由這次的動物溝通，在與黑妞的對談過程中，我自己的心結也自然而然地解開了，答應黑妞的事情，我也做到了，傷心難過的次數日漸減少。謝謝動物溝通師，讓我走出傷痛並放下執著，不然我應該還困在悲傷中走不出來。

接班狗－Coco：在黑妞臨終前，我告訴黑妞：「來當我的小孩，用黑色的斑點做記號。」

在黑妞離世的第九個月，我夢見黑妞回來了。我能真實感受到黑妞在我的面前，我抱起黑妞，感受到重量與溫度，真實到我以為牠真的還活著。當我從夢中醒過來的那一瞬間，我有一股衝動告訴自己，這不是夢這是真的！

夢見黑妞的當天下午，我收到通報，在嘉義某河堤，有人遺棄了一隻狗，而我馬上趕去。而當我看到這隻被遺棄的小狗時，內心非常的訝異，這熟悉的臉龐有一股熟悉的感覺湧上心頭，尤其是小狗的眼神勾起了我對於黑妞那些埋藏在內心深處的記憶。

除了身材以外，其它幾乎跟黑妞是一模一樣，最令我內心為之一震的事情，就是牠的舌頭竟然有我當初跟黑妞約定好的「黑色斑點」，這一切讓我感到不可置信，我是如此的幸運，彷彿黑妞再度回到我身邊。

雖然黑妞的肉體離開我了，但是我相信黑妞的精神與靈魂，依然與我緊密聯繫。似乎冥冥中注定了，「黑妞」找到「接班狗－coco」，真令我無法置信，我竟然打開心房接納了另一隻毛小孩。

謝謝黑妞，我永遠愛你！

我們的約定

彼此的相遇並成為生命中不可或缺的一部分

當在訴說關於他們故事的時候

每一句瀰漫著悲傷的氣息

而我聽見了心碎的聲音

偶然 你來到我夢中

我彷彿身歷其境 醒來瞬間

告訴自己這不是夢

巧合是當天遇見與你相同的臉龐

原來你記得我們的約定

牽著你的魂回家－睏寶

遙遙無期的盼望著

那曾經熟悉的歸屬感

有我的味道、有你的味道、家裡的味道

那些昨日依然在我腦海 細心地收藏著

成為我心中唯一的安慰與寄託

在記憶中是最美的畫面與愛的味道

我的眷念從未停過 早已烙印不可抹去的愛

－引魂帶我回家吧－

這次的案例非常棘手且難以處理，考驗著我的臨場反應與果斷力。本身的個性喜歡追根究柢，如果飼主有意願知道更進一步的狀況，我也會願意奉陪到底。但這是需要「溝通師、飼主、毛小孩」三方達到共識，缺少任何一方都無法進行。

　　一連結到睏寶就感受到混沌且微弱的氣息，除此之外，這股氣息裡夾雜著許多疑惑，以及在說與不說之間陷入優柔寡斷的狀態，不安的情緒侵蝕著睏寶。或許我對牠而言是個陌生人，內心會有所顧忌而感到害怕。之後睏寶立即回絕我，沒有意願進行這次的溝通。

　　我告訴媽媽：「睏寶給的訊息十分微弱，沒有太多意願說話，但沒有關係，妳還是可以嘗試跟牠說說話，或許睏寶聽到妳的聲音，牠會願意說話。」

　　媽媽的第一道問題，是這一個月來縈繞在心中許久的疑問：「睏寶在哪裡？」

　　「我還在醫院裡。」睏寶用微弱的聲音回答。

　　當我聽到睏寶的靈魂還在醫院時，我有些訝異。因為死後，當靈魂離開肉體時，靈魂是可以自由移動的。我想釐清一些狀況，所以問媽媽：「當時睏寶的遺體離開醫院時，是不是沒有喊牠的名字？提醒牠跟著妳回家。」

　　「只有喊一次名字，就沒喊了。難怪我一直感覺不到睏寶回家，我也覺得牠一直在醫院，但又告訴自己，是我想太多了。」這讓媽媽心中更加篤定當初的想法。

　　接著媽媽又問了一些問題，我感受到睏寶的不知所措，內心不斷地游移擺盪，越是擺盪就越模糊不清。我無法理解睏寶想表達什麼，只感覺到睏寶還處在混亂狀態之下，而我腦袋也跟著一片混亂，甚至不知道該如何進行下去。

　　突然我靈光一閃地問睏寶：「你不回答是因為怕媽媽傷心難過嗎？還是有其他原因呢？」

　　睏寶首次拋出疑問並回答我：「我不是怕媽媽傷心，而是我怕被丟掉。為什麼媽媽要把我丟在醫院裡？我心裡覺得好害怕！」

　　睏寶終於有回應了，媽媽接著說：「對！睏寶曾經被棄養好多次，所以牠總是害怕被丟掉，那我現在把睏寶帶回家好不好？」

　　睏寶瞬間靜默不語，我感覺到睏寶哀怨地縮在一個小角落，膽小又害怕的樣子，不敢隨意行動。我轉述睏寶目前的狀況讓媽媽知道，並且告訴媽媽：「關於睏

寶還在醫院的事，妳是否考慮再找第二個動物溝通師做確認呢？因為這件事非同小可。睏寶發出的訊息既混亂又微弱，我無法百分之百確認此事。」

媽媽腦海中似乎有類似的畫面，並回覆我：「睏寶的個性的確很膽小，我不在家的時候，牠會縮在角落裡直到我回家，然後會像個小跟班黏著我。」

媽媽同時也告訴我：「其實在妳之前，我已經找過另外一位動物溝通師，他唯一與妳一樣的共同點是：睏寶的訊息微弱又模糊。當我問前溝通師：『睏寶在哪裡？』時，他回答：『睏寶已經離開醫院了，而且非常開心地跑出去到處玩。』自顧自地說話，也沒有任何提示，我還花一大筆費用。他不像妳，會讓我有明確的答案和指示，而且妳描述的形象也比較符合我所認識的睏寶。」

一波未平一波又起，奇妙又動人的情節步步推進。這場離世溝通令我為之動容，也讓我深切體認到，唯有在盡全力之餘，才能聽天由命。

我聽媽媽這麼一說，喚醒我內心過往的記憶，此刻我能深深感受到媽媽失望的心情。「動物溝通師」是「飼主與毛小孩」唯一傳達訊息的橋梁，飼主抱著滿懷的希望，盼望能得到關於毛小孩的訊息，到頭來卻發現是一場空，驚覺自己上當受騙，不僅失望甚至對動物溝通師產生不信任。

我也經歷過動物溝通師自顧自地說，利用飼主的期盼編出一套說法：「只要妳懷疑就無法繼續溝通。」當結束溝通，在失望之餘，就會覺得動物溝通簡直是一場騙局。我也是經歷第二個動物溝通師，才證實真實性。

而這場動物溝通，我暗自下定決心，不管結局如何，都要全力以赴，以破除媽媽對動物溝通的失望，希望能透過我，不再讓媽媽感到無助及失落。

媽媽又問睏寶：「要去醫院帶你回來嗎？」對於這個問題我反覆問了睏寶好多次，睏寶始終沒有明確的回答。睏寶似乎認為，不移動、不改變是最安全的做法，但又好想回家，於是睏寶又開始在這之間游移不決。

我感覺到睏寶的舉棋不定，於是，我試著幫牠下決定，問牠：「如果媽媽去醫院帶你回家，你若有跟著媽媽回來，是否可以給媽媽一些指示或感覺呢？」

此刻，睏寶給了我一個影圖，我解讀為：「到時候我會跟在媽媽的腳邊。」我要求睏寶說：「可以多一個指示嗎？像是『雞皮疙瘩』等。」睏寶依然沒有說話。我會再多一個要求，是因為我顧慮到每個人的神經敏銳度不一樣，如果到時候睏寶跟在媽媽的腳邊，媽媽不一定感覺的到，但是如果是全身起「雞皮疙瘩」，那便是一個非常明顯的指示，絕對錯不了。

我詳細告訴媽媽：「睏寶在醫院兩個角落輪流躲著，務必到這兩個角落駐留對睏寶呼喊『回家了！』」

而媽媽下班後，立刻前往獸醫院，帶著睏寶生前最愛的鈴鐺與狗包包，以及一起生活玩耍的肥肥（另外一隻狗），一同呼喊睏寶回家。

媽媽在醫院另一頭，立刻用文字敲我：「睏寶有回家嗎？」

我馬上遠距，並感受到睏寶「藏魂」在媽媽帶去的狗包包裡，於是告訴媽媽：「睏寶，回家了，妳難道沒有感覺到嗎？」

媽媽略為急促地說：「我剛才去醫院，呼喊睏寶回家時，心裡忽然放下一顆大石頭，然後腳邊覺得一陣癢癢的，我原本以為是有蟲，原來不是。」

我內心興奮不已，並用鍵盤快速地打著文字：「太好了！這是睏寶給的第一個指示。那妳現在回到家感覺如何？」

媽媽：「我感覺到睏寶立刻躲到牠熟悉的地方，而我全身起了雞皮疙瘩。」

我心裡驚呼連連，「雞皮疙瘩」正是我請求睏寶給的第二個指示。我內心充滿了激動，感謝天地讓一切如願進行並完成，睏寶終於可以回到熟悉的家裡了！過沒多久，媽媽傳文字告訴我：「家裡另外一隻毛小孩肥肥，對著睏寶之前喜歡躺的地方竟然狂吠不已。」

這一切是巧合嗎？當然不是，而是確認無疑：「睏寶終於回家了！不再受驚害怕了！」

睏寶獨白：

　　我回家了，家裡有我熟悉的味道、有著媽媽的味道、有著肥肥的味道、有著我自己的味道、有著屬於我們回憶的味道，謝謝媽媽帶我回家，就像你當初領養我回家時一樣。不管在生前或死後，媽媽都給了我無比溫暖的愛。媽媽，謝謝妳！我愛妳！

溝通師心得

　　彼此之間深厚的感情，早已烙印出不可抹滅的愛，進而形成一股強烈的心電感應頻率，就算遠隔千里也能有所感應。如古人云：母子連心，這原理亙古不變。也是一種靈魂之間的感應及交流，媽媽強烈的心念，感應到睏寶靈魂的呼喚，激起媽媽心中想確認答案的渴望，似乎冥冥之中有股力量在牽引，牽引出「引魂回家之路」。

心有靈犀

宿命的結局也許早已決定
思念著熟悉的臉龐
讓愛未放下　眼淚也未乾
感應到靈魂的呼喚
祈願蒼生得以回歸內心的「平靜」
在每個階段得以「圓滿」
朝向下個階段看見「美好」的未來

收錄飼主親筆回饋
—— 溝通後的生活改變或感想

✔ QUESTIONS 01 ： **溝通過程，讓妳覺得不可思議的事情？**

　　睏寶過世之後，我內心總是覺得不太對勁，而我的直覺告訴我：「睏寶還在醫院裡面」。但是我又告訴自己，是自己想太多了。於是我決定找動物溝通師確認我的直覺，「睏寶是否還在醫院？」

　　當時沒想到，動物溝通師會一開口就問我：「睏寶是不是在醫院過世？」當時覺得很神奇，動物溝通師怎麼會知道。

✔ QUESTIONS 02 ： **溝通過程，讓妳覺得難忘的事情？**

　　領養睏寶這段期間，我不斷告訴睏寶：「媽咪不會離開你的，你也不用擔心媽咪不要你。」雖然牠常常跟另外一隻肥肥，為了爭寵而打架，讓我考慮是否請別人領養比較適合？但是，看到睏寶時常因為我不在而躲在角落，或是躲在門口的鞋櫃等我，便於心不忍。所以當動物溝通師說睏寶躲在角落時，我很確定那是睏寶！而且睏寶個性本身就很膽小。

✔ QUESTIONS 03 ： **溝通過後，妳與毛小孩有什麼改變？**

　　其實到目前我還是沒辦法接受睏寶離開我的事實。現在只能帶著祝福的心，希望牠到另一個世界會更好。

餘情未了之愛系列

Series of UNFINISHED LOVE

餘情未了之愛

來自於毛小孩心中濃厚的牽掛

一份無法忘懷的愛 揮之不去的畫面

剪不斷的緣 重返回到你的身邊

其實是牠選擇了你 而不是你選擇了牠

終而將這份愛的牽掛

獲得療癒進而轉化成對彼此的祝福

餘情未了之愛—你有想過嗎？

你的毛小孩可能曾經是你累生累世，最摯愛的靈魂伴侶或家人朋友。其實是牠選擇了你，而不是你選擇了牠。

我稱之為「餘情未了之愛」：來自於毛小孩心中的牽掛，所以再度重返到你身邊，繼續未完成的遺憾或任務。

曾經深愛著你的靈魂，帶著這份愛輾轉來到你的身邊，甚至願意進入毛小孩的軀體，與你後續產生強烈的情感連結，讓偶然的相遇成為命中注定，並展開各種生活過程的累積。

在現今一般人的觀念裡，認為淪落為畜生道，是因為過去世造惡業而投胎為畜牲，但在我的觀察及與眾多老師的思想交流下，我們認為不盡然如此。還有另一種狀況，在這曾經「深愛你的靈魂」，因種種因素造成無法以人的身分來到你的身邊，而選擇主動降級身分，自願轉世成動物，只為了，來到你的身邊。

我跟小粉的再世情緣是最佳的例子，我們的宿世不只是夫妻，還有更多其他關係的角色，甚至以前還當過兄弟一起奮鬥。感念著對方的好，相信上天的安排會讓彼此再聚一起。

 ## 具體舉例

一隻貓穿越時空的愛，這個個案再次驗證了，曾經的「牠」會回來找你，是「牠」選擇了你，而不是你選擇了「牠」。

如往常的個案般，飼主詢問毛小孩關於一般日常生活的細節，但卻意外揭露出一段爸爸塵封已久的記憶。

貓咪是小男生，但牠卻有著女孩的靈魂，包含個性柔情似水、愛撒嬌、內心渴望被愛，慢聲慢氣的語調中，有種悲天憫人的味道，沒有貓的傲嬌與冷淡。

貓咪男孩用著輕柔的語調：「我是女生，我無法享受當一隻貓。但我在乎家人的想法，總是希望自己能符合家人期望的樣子，所以無法活出真實的自己。因我總是害怕不被愛、不被接受！」當我轉述給爸爸時，竟然毫無疑問地被認同。

　　爸爸早有觀察到此現象，語氣中帶著淡淡的感傷及平靜：「牠跟貓咪弟弟相較起來，真的嬌嗲太多了，很多感覺的確像小女生。妳剛提到貓咪男孩，無法享受當一隻貓，讓我聯想到一件事情。」

　　當時我也摸不著頭緒，為什麼爸爸要分享這件事情，或許因為爸爸的直覺，正帶領著他去找尋事情的答案。

　　爸爸提起過往的特別經驗，我在學生時代，隱約感覺有個女生跟在我身邊，我知道她不是人，也曾經出現在我的夢境。而在某天醒來，家裡完全沒人，忽然有一個女生出現在門旁邊，我問她是誰？她說自己是我媽媽，我嚇得拔腿就跑，自此之後，在現實生活中就再也沒看過她了。

　　後來在我的生活中，只要遇到不如意，我就會隱約感覺到，好像有人在暗中拉我一把，幫我度過難關，甚至有幾度攸關生死的瞬間，在冥冥之中感覺到被救。祂讓我感覺像愛情，但又超越愛情，又有點像親情？也讓我更懷疑祂到底是以什麼身分存在著？

　　直到我上大學去打工，某次店長突然提醒我，身邊有個女孩在守護我。讓我回想起過去，並把曾經的遭遇描述讓店長知道。

　　店長聽完並說：「她長得很漂亮，一直圍繞在你身邊，有很強烈的意識想帶著你成長，女孩會再回來找你。」

　　後來貓咪男孩說：我是曾經守護過你的女生，也當過夫妻。守護一段時間後，再轉世成貓來到爸爸身邊。

　　難怪貓咪男孩前面會說，牠是女生，無法享受當一隻貓。這也是為什麼貓咪男孩，只要提到關於「爸爸媽媽」的親密問題就會避開，而且描述的很迂迴，甚至有種無可奈何的憂愁感。一切看似很荒誕的聊天內容，卻牽扯出這段「穿越的緣分」，雖然這些談話內容都不在預料之中，但我們都對「穿越的緣分」都感到不可思議。

故事 STORY ❶

從人類投胎成毛小孩—完成遺憾

曾經的個案，媽媽帶著小孩去動物之家，想藉此做生命教育，並沒有想認養毛小孩，但這一切卻牽起媽媽與毛小孩彼此的因緣。

到了動物之家，媽媽的目光停留在一隻狗身上，但是這隻狗對於人極度不信任，而造成不親人的行為。媽媽見到此狀況，不由自主地走過去，看看這隻「不親人的狗」，而這隻狗竟然對媽媽釋出善意，舔了媽媽的手，雙眼一直注視著媽媽。後來媽媽對這隻狗，也有一種說不出來的熟悉感，於是決定要帶牠回家，也因此再度種下另一段緣分。

在動物溝通過程中，我對媽媽說：「牠，曾經是妳墮胎的小孩，牠回來找妳了。但是，牠帶著愛恨交加的心念回來找妳，要完成這份愛的遺憾。」

媽媽聽到我這一番話後，就赤裸呈現一直以來想隱藏的過往，且若有所失地說：「我養一年多之後，這種感覺常常會浮現，經由妳這麼一說，我想應該是八九不離十了。」

毛小孩希望媽媽能勇敢面對過去，也想告訴媽媽：「雖然在彼此生命中留下了無法被抹滅的傷痕，但透過這個機會再次相遇，勾起了彼此的陳舊傷痛，取決於媽媽如何去面對、接納、釋懷並放下，終而將這份愛的遺憾，獲得療癒，進而轉化成對彼此的祝福。」

故事 STORY ❷

從毛小孩投胎成人類－完成任務

這類的故事報導如雨後春筍。我認識一對夫妻結婚多年，養了一隻活潑懂事的毛小孩，但夫妻希望能有愛的結晶，可是多年以來，卻遲遲沒有懷孕。夫妻也抱著隨緣的態度不強求，夫妻跟毛小孩過著平淡幸福的生活，但在內心卻不時的出現遺憾感，因為遲遲未能懷孕生子。雖然夫妻彼此間不刻意提起此事，但這一切毛小孩都看在眼裡，並且深深地思考著自己能做些什麼改變現況。

有一天毛小孩因病過世，沒多久後，老婆終於懷孕。隨著小孩長大，媽媽時常回憶過往，時不時，在腦海裡閃過毛小孩的影子，並在小孩身上感覺到毛小孩的影子，有一種難以形容的相似感。媽媽根據自己的直覺告訴自己：「難道是毛小孩聽見我的心聲，來投胎當我的小孩嗎？」牠來完成夫妻多年以來的心願？

這段故事充斥著淡淡的溫馨，靈魂會喚起過往的感覺，心會知道的。可以從對方的氣息裡，感受到某些熟悉的感覺！故事情節可以被遺忘，但是心中的情感的接收器卻不會關閉，並且情感會瞬間回到心裡面。靈魂彼此之間會產生共感，媽媽接收到毛小孩靈魂中的訊息，暗中讓媽媽知道真相之後的瞬間，訊息就會變成空氣般的存在，不再刻意傳遞，而是永留存在心中，成為茶餘飯後的佳話。

毛小孩轉生成人類的小孩，照理來說是則感人肺腑的故事，但是否有真實性？在科學領域中卻無法去證實這一類的故事，可是卻不斷發生在世界各角落裡。我們要相信自己的直覺會帶領自己，從生活中去察覺事情的答案。

毛小孩是如何重返到媽媽的身邊，經受孕成人類的小孩？這背後付出的秘密我們無從得知。但唯一能確定是，毛小孩忠心耿耿與人類共生共存，就算要為愛犧牲也在所不惜，或許這份強大的愛的力量，可以破除重重的困難而感動上天，賜福毛小孩重生的機會。但是，請勿奢想每位毛小孩都能得到上天的賜福，因為這必須讓上天去衡量你與毛小孩之間的福報、機緣等因素考量，是否可執行，才能通過請求。

愛不是把對方牽絆住，而是凝視著你愛的毛小孩，並給予深深的祝福！不再陷入無限傷感的迴圈並懷念過往。不管如何，你的起心動念都會影響著牠，也或許曾經你的一句話：「你記得再回來當我的小孩。」牠都謹記在心，且這句話會不斷迴響在牠的耳邊，形成一份忠心且執著的能量。

如果幸運終可達成約定，如果不幸將要降低要求，可能會入輪迴，變成動物再次回到你身邊；或遲遲無法投胎，在靈界守候你，也可能耽誤到牠，進入下一個進階的輪迴。一切有太多的不可控的因素，我們無法得知與掌握毛小孩最後何去何從，我們唯一能做的是「深深祝福牠，讓牠自己去走該走的階段」。願大家的愛是祝福！而不是苦苦占有與控制。

失去的會再回來 - 饅頭

若没得到預期想要的 即將會以更好的形式回歸

如鑽石越琢磨越耀眼

每一個切面都是人生最寶貴的經歷

當生命處在困境裡直到度過難關

在驀然回首時

猛然發現這裡頭竟藏著 「另一種祝福」

一連結到饅頭，我感覺到牠：用斜眼看著我，一副冷冰冰的態度，給人一種疏離的感覺，似乎在告訴我：「妳是誰？」我感受到饅頭難以親近的氣息，牠心生防備且用強硬的態度對我說：「我不喜歡你！」

我立刻停止與饅頭的接觸，並轉而與姐姐通電話，因為我想這是最好的做法。

我轉述剛才狀況讓姐姐瞭解，姐姐哈哈大說：「饅頭平常的表現就是這樣啊！尤其特別喜歡斜眼看人。」

饅頭會用這種態度對我，基於保護姐姐的心態，因為饅頭知道，我具有看穿靈魂的雙眼，牠不願被看透，更不願把姐姐曾經不愉快的事情再翻攪出來。所以，對我便有層層的戒心與防備。甚至在對話時，總是語帶保留，掌控著話語權。饅頭心裡盤算著一件事情：如何掌控這場談話，避免讓姐姐陷入悲傷的漩渦裡，又能傳達自己想要表達的事情。

所以在這場談話裡，饅頭總是句句斟酌，不明確說出具體的事件，且用迂迴的方式表達，而我像是在霧裡看花般，很難去理解饅頭到底想表達什麼。

饅頭口吻沉穩，而略帶凝重的對姐姐說：「他欺騙妳的感情，我知道妳很愛他，但是，他不是妳目前理想的對象，妳要相信我。」

饅頭說到這裡，一般人都會認為是男女之間感情的問題。但竟然不是，饅頭不過用了隱喻法罷了。饅頭的溝通重點，都是不斷地提起姐姐情感上的問題。

饅頭雖然話不多，但是牠以豐富的情感訴說著每字每句，讓我感受到滿滿的溫柔及體貼，甚至饅頭會想著如何安慰姐姐。饅頭用平穩的口吻告訴姐姐：「我會保護妳，如果妳想要說什麼，需要我回應的，妳可以提出來，我會回應的。」我跟姐姐依然完全不懂，饅頭葫蘆裡到底賣什麼藥？

直到姐姐問饅頭：「你知道家裡最近發生什麼大事嗎？」這一切才開始明朗化。饅頭再度陷入沉思，不願意多說，但我能感覺出牠對於此事的耿耿於懷。我心想饅頭應該正在盤算著，如果姐姐沒有主動提起，牠自己也不想再提起傷心的往事，過去就讓它過去。

饅頭仍然沒有直說，依舊語帶保留表示：「剛才提到關於感情的事，我已經說過了。」

看到這裡，許多人會認為動物溝通師根本是在打馬虎眼，因為說不出個所以然，進而對動物溝通失去信心，甚至認為是招搖撞騙。殊不知，每位毛小孩溝通的方式大不相同。一般防備心重的毛小孩，是需要時間突破心防，才能聽到真心話。就如同我們人類一樣。

姐姐依然鍥而不捨地追問饅頭是否知道家裡發生什麼「大事情」嗎？饅頭意識到姐姐主動開口，並希望從牠的口中說出這件「大事情」，於是牠心裡便盤算著下一步。

饅頭小心翼翼地說：「我知道，姐姐肚子裡的寶寶不小心走了，但下一個會更好，相信我，寶寶很快會再回來。」

聽完這一段話，我才恍然大悟，原來饅頭一開始就已經提到這件事情，只是用很隱晦的方式描述。饅頭一開始說：「他欺騙妳的感情，我知道妳很愛他，但是他不是妳目前理想的對象，妳要相信我。」原來饅頭是在安慰姐姐，寶寶走了不要傷心，下一個會更好。我心裡想著為什麼饅頭知道下一個會更好呢？

聽在我們的耳裡像是在安慰著姐姐，殊不知，饅頭卻有超現實的先覺能力，知道未來的走向會如何發展，於是篤定的告訴姐姐。之後，事實也證明饅頭的預言成真了。

事隔兩年，姐姐與我分享：「溝通完的一個月後，真的又再度懷孕了，讓我想起溝通時，饅頭說過的話『寶寶很快會再回來』。」

當時再度懷孕的姐姐對饅頭說：「寶寶可能回來了。」饅頭又用了招牌斜眼，很不屑的看了姐姐一眼。似乎想反問姐姐：「妳怎麼知道是同一個？」

關於饅頭會說出：「下一個會更好，相信我」，這也說明了饅頭早知道姐姐肚子裡的孩子心臟有缺陷，難以存活。想告訴姐姐：不要沉浸在失去上一個寶寶的悲傷情緒裡，有下一個寶寶正準備要來當你的女兒，而且還會是個小天使，個性溫和，特別容易照顧，且特別讓人省心。

饅頭曾說過：「我有保護家裡的責任！若不在家中能放鬆些，同時責任心暫時可以卸下。」我們在表面上只看見饅頭常常處於警備的狀態，若有人欺負姐姐就會

撲咬對方，或是嗅聞到不尋常的氣味時，會使盡全力狂吠，警告對方離姐姐遠一點。而在「無形中」饅頭也掌握著不尋常的氣息，一心一意保護姐姐免於受傷難過。

溝通師心得

毛小孩的生活智慧遠遠超乎人類的想像，當我們想關心正在經歷痛苦的人時，我們總是著急的想知道對方發生什麼事情，於是，沒有顧慮到對方的心情，不斷追問事情的經過。無聲勝有聲的精神依靠，讓對方有一個安靜的空間來緩解悲傷的情緒，當他願意吐露心聲時，就再次傾聽，有品質的陪伴勝過朝夕相處。

饅頭在這一個環節考慮周到，就如同饅頭說的：「我會盡保護姐姐的責任。」其中也包含保護到姐姐的內心，不在傷口上再度灑鹽。

毛小孩許多事情不會直說，認為過去就讓它隨風消逝！「再拿出來說，何必！但如果你想說，我會陪著你。」

毛小孩愛的陪伴是人世間難以尋找的，而我們對唾手可得的愛最容易忘記珍惜及感謝。饅頭雖然不會說動人的話，但在行為上總訴說著：「還有我在，失去並不代表什麼，這只不過是一個人生歷程罷了。」當我們得不到想要的，並不是因為你不配得到，而是你值得擁有更好的。

恆定不變

無聲溫柔的語言 傳遞著溫暖的愛
我的存在是為了保護你 守候你
不要傷心難過
我會一直在身後陪你穿過風雨
陪你見證愛

收錄飼主親筆回饋
—— 溝通後的生活改變或感想

✔ QUESTIONS 01 ： **溝通過程，讓妳覺得不可思議的事情？**

　　動物溝通師傳達的過程，就如我正在和饅頭聊天一樣。饅頭在聊天的過程中跟平常的個性一樣，愛理不理的，甚至用著招牌的斜眼看我，連動物溝通師沒看過饅頭也能知道牠喜歡用斜眼看別人，我笑了。

　　饅頭的外表冷漠，但是每次講到內心最深處的地方，饅頭的回覆總是讓我感動不已及備感窩心，也讓我感受到與饅頭內心的貼近。

✔ QUESTIONS 02 ： **溝通過程，讓妳覺得難忘的事情？**

　　饅頭知道家裡發生的大事情，並且貼心地安慰著我。饅頭說：寶寶很快會再回來，果真下個月我就懷孕了。

✔ QUESTIONS 03 ： **溝通過後，妳與毛小孩有什麼改變？**

　　經由溝通後，我才明白原來饅頭什麼事情都懂，並用另外一種方式保護及關心著我。我現在時常會撥空和饅頭聊聊天，一開始饅頭還是老樣子，用著招牌斜眼看人，但我還是自顧自說。後來，我逐漸發現，饅頭竟然會用正眼看著我說話，雖然眼神還是一樣不屑，但我知道饅頭有在聽。

　　溝通後，我變得更常帶牠出門走走路、散散步，留下更多屬於我們的回憶，更珍惜彼此相處的時間。

宿世情緣的呸呸

靈魂流轉千年 心中的牽掛戀戀不滅

我不會向世界妥協

不管你身在何處 我都會找到你的蹤跡 再續前緣

今世 若有似無的思念背後是為誰魂牽夢縈

深藏在幾世間 彼此的愛漸漸甦醒

雖然故事情節遺忘了 但感覺卻不會忘記

當我一坐下來，準備做動物溝通個案時，呸呸迫不及待對我說：「等你很久了！」原來，姐姐在一週前不斷跟呸呸預告動物溝通的事情。因此，呸呸天天期待此刻的到來。

呸呸以急促的口吻說：「姐姐妳愛我嗎？因為我是姐姐宿世的男朋友，只是姐姐都忘了。」想把這句話親口告訴姐姐，不知呸呸已經等多久了？今天終於找到機會了。

當時姐姐愣了一下，不知該怎麼回答，於是直覺地回說：「當然愛你。」當時，姐姐試著轉移話題，呸呸卻緊抓話題不放，直到姐姐說出目前「有男朋友」這件事情，毛小孩才善罷干休。

當下感受到呸呸與飼主的互動情況，所以我就開始分析牠的整體特質：個性鮮明，喜怒哀樂完全不隱藏，時常愛理不理的，有自己的想法與做法，不會降低身段去維護與人類的關係，散發出一股大男人主義的風格。

呸呸似乎知道到我在心裡偷偷分析牠，便全身激動地說：「我的情緒當然全部都要表達出來，我不想活得這麼壓抑。為什麼常常要規範我？我的生活也不喜歡被人類打擾！」

姐姐看到目前的狀態，便補充道：「呸呸通常都叫不來，越禁止牠做的事情牠越要做。想吃零食的時候也無法阻止牠，牠會有策略的一直等或一直叫，直到你拿零食給牠吃；要摸牠的時候，還要看牠心情，不然會被咬。」

姐姐換上溫柔的口吻問：「呸呸，今年的生日禮物最想要什麼？」

「娶老婆，但是我不要恰北北的，我要會聽話的老婆，並要讓我親自挑選過，且要相處一陣子後我才要做決定。」呸呸對稍早姐姐說出目前「有男朋友」這件事再度感到不平衡，便說出氣話。

當時，我們天真的以為呸呸真的想娶老婆，所以還熱烈地跟牠討論起來。當討論到一個段落時，呸呸從剛才的情緒激昂，到現在心如止水的狀態，才開始娓

娓道出牠內心真正想說的話：「這一世姐姐是人類，我是狗，但是我接受這一世的緣分。姐姐身為人類在各種事情上占上風，我也認了，至少續前緣，償還之前的感情債。」難怪在一開始呸呸問：「姐姐愛我嗎？」一份濃烈的愛夾帶著虧欠，讓呸呸再次來到姐姐的身邊。

雖然呸呸沒有提到前世與姐姐相處的方式，但依眼前情況推斷，呸呸的前世應該是「大男人主義」，有著不體貼與霸道總裁的個性，濃烈的愛裡帶著控制，才讓姐姐逐漸產生窒息感，甚至想在這段感情中退場，最終以破局收場。

呸呸的內心獨白：

輪迴轉世，因情債帶著執念，再次遇見朝思暮想的妳，便下定決心要還完前世虧欠妳的情債。當初的愛太不成熟，讓妳流盡無數的眼淚，然而我只能默默地看著妳傷心，因自己的大男人主義作祟，面子始終拉不下來，我一句安慰妳的話也說不出口，導致換不來一生的相守。這輩子便轉生為狗，希望能以不同的形式守護妳。

當在回頭看這段感情時，深覺虧欠姐姐太多，前世呸呸用錯誤的方式去愛，沒覺察到是在傷害對方，心裡便承諾來世要還感情債，因此現在以毛小孩的身分來到姐姐身邊。

姐姐在溝通後分享了一段小插曲

關於呸呸是我上輩子男友的部分，我回想了一下，原來都是有跡可循的。每次帶呸呸出門喝咖啡時，只要有男客經過，呸呸就會生氣的大聲吠叫，不允許男生太靠近；但如果是女生經過，牠便完全沒反應！這樣的狀況每次都發生，就像是情侶之間的吃醋。

呸呸的個性很不願意配合，做任何事情都要依照牠心情而定。如果沒有注意到牠的情緒而伸手摸牠，會立即反擊咬人，表示牠的不悅。但我發現到，只要我告知呸呸：「親親。」牠就會反常地配合也不生氣，甚至不管在什麼狀況下，我三不五時粗魯地亂「親」牠，牠都會欣然接受；但如果只是要摸牠，不是親，牠就會轉頭咬人，警告不要打擾牠。

收錄飼主親筆回饋
── 溝通後的生活改變或感想

✓ QUESTIONS 01：**溝通過程，讓妳覺得不可思議的事情？**

　　這次的動物溝通，我抱持閒話家常的心態，瞭解呸呸的生活細節。當天要溝通的早晨，呸呸竟然破天荒，趴在我的肚子等我起床，當下我覺得好驚訝。

　　過程中呸呸一反常態，乖巧地坐在我旁邊，而且三不五時抬著頭看我。當時有種奇妙的感覺在心裡流竄著，那種感覺就像和呸呸在「心電感應」對話般的交流彼此感情，是一種前所未有的感受。

　　繼上次溝通完之後，我有時候沒事就會問呸呸：「你最近還想跟藍鷹姊姊聊天嗎？」只是隨口問一下，但是呸呸一聽到這兩個字的時候，牠的耳朵馬上會豎立起來並認真的看著我，試了好幾次都這樣，但我怕牠太認真會失望，所以之後就不敢再開牠玩笑了！真心覺得溝通這件事真是太奇妙了！

✓ QUESTIONS 02：**溝通過程，讓妳覺得難忘的事情？**

　　溝通後，讓我更瞭解牠行為背後的原因，不管是要抱怨或表達牠的好心情，我全部都欣然接受。也沒想到，呸呸還會觀察家裡的大小事情，牠對家人的感覺，尤其特別地關心著爸爸，希望爸爸不要太辛苦要照顧好身體。雖然呸呸很難伺候，但當下覺得牠其實也有一顆天使的心，愛著也關心著家人，這是我以前從來沒想過的事。

✓ QUESTIONS 03：**溝通過後，妳與毛小孩有什麼改變？**

　　透過溝通後，更能理解呸呸的行為作風，所以選擇尊重牠。例如：上次溝通有問到，喝廁所水的事情，呸呸回答：「我就是要喝。」後來乾脆讓呸呸喝個過癮，

而神奇的事發生了。你越不要管，牠就越不會去做；你越要制止，牠越要做給你看。可能有感受到我對牠的愛與尊重，呸呸內心再也不抵抗了。

動物溝通的體驗，雖然已經過了兩年，卻讓我時常想起溝通的內容，讓我再次感受到，這股不可言喻又奇妙的感覺。而溝通中的內容，讓我反覆從生活中去驗證呸呸所說的，忽然覺得生活變得如此有趣！

我時常會想到，呸呸問我：有沒有愛牠。所以我現在常常對呸呸說：「姐姐很愛你喔！」然後每天親吻著牠，寵溺地摸著牠。想告訴呸呸：「謝謝你來到我身邊，希望你會知道我有多愛你。」

我們眼中的毛小孩，雖然看起來小小的沒什麼作為，但是在牠們的內心世界不亞於人類。雖然有人抱持不相信動物溝通，但對我來說，這是一次難忘的經驗且愉快的回憶。

跟呸呸溝通不只是因為好奇牠的小腦袋在想什麼，也不只是想瞭解牠平常的一些反應，以及背後的原因。更重要的是，這件事讓我發現毛小孩也是個體，個性也比我想像的穩重，而且需要尊重，不然我很容易會因為牠小小的體型跟可愛的行為就忽略牠也有自己的個性和喜好，而忘記尊重牠。

穿越因果

每段的輪迴背後
有著一段不為人知的過去
無法阻擋 「想見你」的決心
滄海桑田過後轉變為現在的 「你與我」
謝謝你依然不變的溫柔

穿越時空遇見你 -HERO

有一種遇見

是「愛」繫起相遇的緣分

等待千年的期盼

最終來到你身邊

走進彼此的靈魂

陪你哭、陪你笑、陪你憶起曾經我是誰

這次個案因「安排」的關鍵字，也因此讓媽媽與 HERO 心靈相通，彼此想著同一件事情，也讓一切撥雲見日。

「愛」是唯一能超越時空，且在每一次生命的流轉。靈魂渴望在這一生遇見銘記在心的人，冥冥之中天地自有「安排」。將我們從不同的時空牽引著彼此靠近，無法預料會在何時、何處遇見，但在相遇的那一刻，「愛」會再度進入彼此的生命裡面，留下永生難忘的時光。

為愛而生、為愛而行、為愛而歸，然而我成為一隻貓咪「安排」來到妳的身邊。

一樣米養百樣人，在毛小孩的世界裡也是如此，即便種類相同，每位毛小孩都擁有獨一無二的個性。唯一相同的是，牠們都難以擺脫與生俱來的原始野性。

HERO 是十個月大的男孩貓咪，一般未滿一歲的毛小孩都會充滿好奇心，用調皮搗蛋的方式探索新世界。但當我連結到 HERO 時就能感受到「老靈魂」的氣息，思想、行為模式，展現出超齡的成熟與穩重，能克服天性不隨之起舞。

在溝通的過程中 HERO 對答如流，語速非常快，在我來不及反應時，牠已經跳到下一段話，我差點跟不上牠的思緒速度。HERO 幾乎不提起自己，從頭到尾只提及跟媽媽相關的事情，聊到媽媽最近的心情轉變及生活細節。談話過程中，牠就像長輩似的不停叮嚀、嘮叨、滿心牽掛，而這些叨叨絮絮的背後蘊藏著許多心思與愛。

HERO 在談話過程中，提到一些我無法理解的現象，我如同在聽外星語般的，解不出那層層堆疊的謎團，也讓我有些暈頭轉向，難以理解牠想要表達什麼。那種狀況如在描述超越時空的現象，那已經超出我認知範疇了，而我難以轉述，但牠也不斷提醒我，一定要告訴媽媽，此時我心裡想著：「或許，後續談話中會有答案浮現。」

雖然部分內容無法理解，但我唯一能確定的是 HERO 擔心媽媽最近的生活狀況。與媽媽通電話後，那些謎團便慢慢的串聯起來，也開始有了眉目。

首先，我轉述 HERO 對媽媽的關心，媽媽瞬間湧上滿滿的欣慰，感覺自己終於有被理解、被看見。但言語之間卻充滿落寞及無奈，並對我說：「最近生活上的確有些不順心，尤其是 HERO 提到的生活和工作中的不愉快，我才發現原來牠全看在眼裡，我還以為牠不懂。」

　　HERO 像一道曙光，不但照亮媽媽心中的灰暗，還不厭其煩的叮嚀媽媽：「雖然有許多煩人的事情出現在身邊，但只要調整自己的心境，一切都會雨過天晴。媽媽別忘了，妳是值得被珍惜的，不要自我懷疑，所有珍惜妳的人事物也會圍繞著妳。我也珍惜媽媽，不是嗎？同時也別忘了，要停下腳步休息。」

　　（內容中因有一些很私人的事情，所以未全然描述。）

　　媽媽對牠能夠描述各種的生活細節感到不可思議，也因為媽媽當初是因為好奇才接觸動物溝通，現在才見識到其中的奧妙。HERO 的每段話語，句句都說到媽媽的心坎裡，讓媽媽重新有了力量面對生活。

　　HERO 像個長輩般為媽媽指引人生的智慧，於是我好奇問媽媽：「HERO 處處為妳著想，甚至展現對妳的體貼，妳感受的到嗎？」

　　媽媽不知從何觀察，語帶尷尬地回覆：「我看不出來，因為我也是第一次養貓。」

　　對於新手養毛小孩，沒發現這些細膩的情感也不意外。我解釋說：「因為 HERO 沒有口語表達能力，只能盡量用肢體去傳達己意，尤其當牠用『一雙溫柔及大大的眼睛』看著妳時，深情的眼眸傾訴著滿滿的情意，但我們能理解的畢竟還是有限。還有妳想想看！現階段正值調皮搗蛋的年紀，HERO 卻能在旁安靜陪伴，不讓妳為牠操煩，是不是一隻懂事且好養的貓？」

　　媽媽聽了我這番言論，也表示認同，我接著說：「HERO 所有的話題都是繞著妳轉，不但願意捨棄自己的想法，還順從妳所希望的事情，就連在慾望上的需求也極低。這是因為牠體諒妳在生活上要應付許多人事物，不想再麻煩妳，而這其實就是一種為妳著想、體貼的表現。」

　　HERO 眼見對談時間快到了，便快速做收尾，用溫柔又堅定的口吻說：「我還有許多話想對媽媽說，但時間有限，我希望媽媽往後看到我，能獲得『安定的

力量』。我來到媽媽的身邊是有『安排』的，我想讓媽媽知道更多事情，但這是需要時間的。」

媽媽與 HERO 瞬間心靈相通，聽到了關鍵字「安排」便說：「其實當時養 HERO 並不在我人生計畫裡，我在這中間掙扎許久。我曾經懷疑過 HERO 是被『安排』到我的身邊，因為在牠還沒出現之前，有位通靈者曾說過：未來的某一天會有位『眼睛大大的男生』來到妳身邊陪伴妳，但當時沒有透露會以什麼形式出現，為此我還特地去拜拜請示。」

原來 HERO 一開始提及的「層層堆疊的謎團」便是在說明這件事情！我又驚又喜地告訴媽媽：「一開始 HERO 有提到這件事情，但是當時我還無法理解牠想表達什麼？所以也無法轉述讓妳知道。談到最後才恍然大悟，這一切的巧合多令人驚喜不已！」

我把自己擁有的資訊與媽媽分享：

這一次妳「所為」：動物溝通；讓妳「所想」：曾經有人告訴過妳「安排」：此事；而妳「所聽」：牢記在心裡；「所思」：便是一股力量冥冥中為妳牽引。

妳的「所為、所聽、所思」：能夠連結到另一件事情，這個是一種微妙心靈相應，進而連結彼此的潛意識，所吸引來的，看似「巧合」，確是「必然」。

或許在別人的眼裡，僅是巧合，但當每一件事物進入妳的生命中，妳會發現當中不僅是奇妙的巧合，這些機遇還牽引著超自然現象，告訴我們命運的力量在運作著，這些「巧合」是註定好的。

HERO 清楚知道，為何而來到媽媽身邊，很多人認為毛小孩們不懂，但有的毛小孩是超乎我們能理解的，總是默默地守護著人類脆弱的心靈，只是我們無從得知而已。

最後我想說的是，雖然媽媽覺得 HERO 只是很「乖巧」，沒有什麼特別的體貼行為，但是依我的看法來說，看似「平淡無奇的日常」反而隱藏了「不可思議的情感」。

收錄飼主親筆回饋
── 溝通後的生活改變或感想

✓ QUESTIONS 01 ：溝通過程，讓妳覺得不可思議的事情？

　　原來 HERO 在降生之前就已安排來到我身邊，牠的靈魂應該來頭不小？否則牠如何能瞭解，我跟牠的緣分是透過命運的安排？「世界上沒有偶然，有的只是必然」，這世間的玄妙，超乎人生的預料。

✓ QUESTIONS 02 ：溝通過程，讓妳覺得難忘的事情？

　　看到朋友的臉書，說有個動物溝通師很厲害。當下很雀躍，因為我除了渴望瞭解 HERO 的內心世界之外，也蠻想知道牠是怎麼想我的。

　　當時有四隻浪貓，為何會選擇了牠呢？或許是 HERO 的眼神深深地吸引我，牽引著我選擇了牠。經由動物溝通師告訴我，牠每一個細膩的動作所代表的意思時，也再度點醒我許多事情，像是牠的體貼、牠的眼神、甚至牠懂事的樣子，都令我的內心湧起一陣心酸，隨即又感覺內心瞬間被融化，且心中有一股悸動油然而生，說不清的感動，不禁潸然淚下。

　　更令我吃驚的是，HERO 在溝通中也承認，牠就是當時我在找的「眼睛大大的男孩」。這番話讓我感到很震驚，但這也是讓我最意外的收穫，養了十個月，透過動物溝通後，發現「緣」來就是「牠」。

　　命運的安排如夢境般，難以置信牠的到來，但深信彼此的「眼神接觸」便是讓靈魂有短暫的相連機會，HERO 彷彿能用眼神與我交換心中的訊息，HERO 是唯一讓我有這種奇妙的感覺的。我試過其他的貓咪，並沒有眼神交流強烈的感覺，這讓我更加篤定我們之間的緣分。

　　雖然在日常生活中變化不多，但自從透過動物溝通後，我對牠的看法大有改觀外，以及我變得更常常和 HERO 說說話、聊聊心事，雖然牠無法用言語回應我，但是牠總是透過牠的肢體語言與眼神，回應著我對牠說的話，而我似乎也能意會到 HERO 想對我交流些什麼話，我們彼此更是一種心靈相通的感覺。

　　HERO 既成熟懂事又可愛溫柔，讓我這新手養貓的人，有美好的經驗，而這一切都種種讓我內心感到豐富，也時常被牠一些可愛的舉動，進而融化了我內心緊繃的狀態！謝謝 HERO 來到我的身邊並陪伴著我，給予我生活的力量。

穿越的愛

愛 是唯一斷不了的線
循著愛 穿越時空來到你的身邊
穿越生死 緣分不會斷
穿越你我的記憶 延續對你的承諾
再次相遇將未了的遺憾
轉化成愛你的證據

另一個愛逐漸甦醒 「緣」來，是你！

彼此的緣分不斷

如果靈魂約定好要在一起

我們會找到辦法找回彼此

我、小粉、粉圓都是如此

那你呢？

是否勾起屬於你的獨特故事？

粉圓歷險記─現實生活中是如何來到我身邊

粉圓跟小粉一樣是在路邊「等著被人類撿回家」，當初是哥哥把小粉撿回家，而粉圓比較不同的是，撿到的人是一位善良的陌生女孩，當時發現粉圓身上有植入晶片，便主動聯絡粉圓的原飼主，但是持續聯繫一個禮拜卻始終聯絡不上，於是到警局備案開放認養。

我的朋友看到這則認養訊息，便對我說：「我一直有認養毛小孩的念頭，但不知道怎麼去認養，可以麻煩妳幫忙我認養毛小孩嗎？牠看起來真的好乖又好可愛，帶回來時，能先放在妳家裡照顧嗎？等我家整理好時，我再把粉圓接回家。」當時的我並沒有萌生養狗的念頭，只是拗不過好友的要求，便答應下來。

無心插柳柳成蔭，沒想到卻開啟我與粉圓的緣分，就如同我與小粉的緣分，一開始都不是我想要養毛小孩，當時也是因為自己妹妹上大學無法照顧，而我才輾轉成為照顧者，甚至與毛小孩建立了深厚的感情。

當時，我認養粉圓一個禮拜左右，我又帶牠去掃了一次晶片，仍然沒有聯絡上原飼主，其實當時我的內心鬆了一口氣，甚至萌生不要聯絡到飼主的念頭，因為在這短短幾天內的照顧，讓我對粉圓產生感情，而牠種種的行為總是讓我想起小粉，尤其粉圓的側臉像極了小粉，也讓我起了私心希望能擁有粉圓。

沒想到朋友家裡的空間過小，粉圓因好動而跑步時，很容易撞到牆，我說：「我來照顧粉圓吧！」沒想到一顧就一年了，而我帶粉圓去做健康檢查時，獸醫推著眼鏡問我：「要不要再掃一次聯絡看看。」

「你掃吧！該是別人的就還別人。」我不加思索地說出這句話，但是當下的心情其實非常忐忑不安，但是我不後悔做了這個決定！

回家後我把這件事告訴哥哥，他卻情緒高昂地說：「妳幹嘛這樣？沒事找事

做，已經養了一年了耶！」哥哥看我都沒說話，他語氣才趨於緩和，並安慰：「沒關係，之後還有機會可以再認養其他的毛小孩。」

我心中瞬間充滿惆悵，並回覆哥哥：「如果找到飼主也只能認了，至少讓飼主知道粉圓還活著，而且還過得很好。

但到時，我會找原飼主談談看，如果他堅持要回粉圓，那就隨緣吧！我們要將心比心，如果是你的小孩子不見，你是否也會希望能找到呢？一定會希望找到，而不是一直下落不明，成為這輩子的遺憾。」當時我語重心長說完這番話，但其實內心早已在淌血，因為不捨粉圓可能離開我的生活，重回前飼主身邊。

我默默告訴粉圓：「你很可能要被送回去了。」

粉圓竟然信誓旦旦笑著回：「不會被要回去的，妳放心。」我不懂為什麼粉圓會如此篤定，我也摸不著頭緒，也許是在安慰我吧！

過沒多久接到獸醫的來電：「終於聯絡到粉圓的前飼主了，他想把粉圓要回去，因為他也很喜歡粉圓。」

「我會再找粉圓的前飼主談談。」我的世界瞬間一片烏雲籠罩著我，落寞地回答。

獸醫竟然沒有安慰我，反而語氣笑笑的回覆：「粉圓前飼主說：『粉圓已經不見兩次了，當時我其實也放棄找粉圓了，而如果粉圓在新飼主家過得很好，我願意轉讓給現在粉圓的飼主，也願意幫粉圓出結紮費。』」獸醫像是想先測試我的反應會如何？然後再給我一個驚喜。

「不敢面對的事情就越要面對，才是正確的處理方法，妳很善良，能同理別人。」醫生那堅定又愉快的口吻。

「這我知道，因為我曾經看過飼主廢寢忘食且心急如焚的盼望尋回毛小孩的模樣，甚至有些飼主找了好幾年還是不放棄。我心裡便會想：『至少讓粉圓前飼主知道牠過得很好』。」我心有戚戚焉地說。

這件事情完美落幕，同時也完成這一年來一直放在心中的事情，也讓我學習到：

「失去並不可怕,最可怕的是,你逃避內心的聲音,忽略良心不安將他人之物占為己有。正視自己內心的恐懼及害怕,才能讓我們更加豁達和堅強,昂首闊步,無愧於心。」

對世界感到陌生而害怕的粉圓。

當下我和獸醫通完電話,粉圓莫名笑得很開心,我也看不懂牠到底在笑什麼?或許粉圓早就知道這一切了,才笑著看整個過程的發生吧!我想這就是「緣分」!至今依然堅信是小粉的原因,讓粉圓註定要來到我身邊!

因為我現在回想起來:粉圓一路走了約七公里左右,簡直是不可能的事情啊!從粉圓被認養來到我們家,牠根本不敢踏出家門!即使我帶牠出去散步,也感覺到牠因對世界還不熟悉而害怕,連一步路都不敢走也不敢動。直到牠滿一歲時,牠才願意出門散步。

那時,粉圓來到我們家才三個月大,傻憨憨的,看起來很膽小。我也很難想像,牠那幼小的身軀,穿梭在人群之間,越過車水馬龍的街口,於車陣間不知道躲避了多少危險情況,從南區走到北區,一路歷盡艱辛,最終選擇在當初送牠去警局備案的善良女孩家門口駐留「等著被撿」。現在看著眼前開心的粉圓,腦中浮現之前膽小如鼠的牠,傻憨憨地坐在人家門口前吐著舌頭喘著氣,等著善良女孩撿到牠,並為牠串起之後與我相遇的緣分,心中不禁暖了起來。

順帶一提,我曾經為「動物溝通」授課過,其中課程後半段的內容是讓學員集體練習試著去接收動物的訊息,而此時的粉圓便擔任發送訊息的角色,所以我設計的題目都是與粉圓相關的。

當初題目的層層設計,只為了讓我更確認粉圓當初告訴我的。後來經過學員接收動物訊息的練習,接受到粉圓的答案,的確與粉圓跟我當初所說的相符合。

「那就沒錯了!粉圓的確是從家裡跑出來了,有股力量在指引牠方向。」我心中非常訝異,果真有此事發生,這世界如此妙不可言,也再次打破我所認知的世界。

初次與粉圓對談，竟是一場
「前世未了的遺憾，在這一世捲土重來。」

同時也讓我回憶起當初，剛學完動物溝通之後的某一天晚上，其中有一位同學突如其來用通訊軟體敲我，告訴我：「粉圓剛才突然跑到我腦海中，似乎有很多話想對我說，所以，我試著跟粉圓對話，聽見牠抱怨一堆日常生活的小事。」

當時我抱持懷疑的態度，因為那時候的我，還是無法百分之百相信動物溝通，於是我用試探的口氣問：「那粉圓，說了什麼？」

精彩的來了！當我看完粉圓抱怨的內容時，發現的確都是我的行事風格，但我也檢討了自己的問題，並把這些抱怨當作是粉圓的一種另類的溫柔提醒。

我問正在咬玩具的粉圓：「你跑去找人抱怨啊？」粉圓立即停下咬玩具動作，並假裝鎮定！

同學打了一連串的文字給我：「或許這些訊息對妳而言很重要，所以跟你分享這奇妙的現象。之前在動物溝通的課堂上，我連結到粉圓前，都會先閃過小粉再變成粉圓，這次粉圓私底下來找我，也有相同的狀況，所以我才意識到是不是又接到粉圓的線。我雖然忘記小粉的長相卻不會搞混兩者，因為粉圓跟小粉給人是截然不同的感覺，我的直覺告訴我：是小粉！然後就又跳到粉圓開始抱怨的畫面了。」

同學轉述當時粉圓所說的：「媽媽很兇，雖然一直以來都兇巴巴，千萬不要把這句話告訴媽媽，不然我就完蛋了。」

同學：「粉圓，很怕妳唸牠。」

我邊回覆同學訊息，邊唸粉圓：「你怎麼可以對別人說我很兇，好像我虐待你一樣？」

只見粉圓睜大眼睛看著我。

同學回覆：「寶貝們的個性很可愛，因為我們覺得還好的事情，在牠們的感覺裡，卻是無限的放大感受。事後再問寶貝們就又開始裝無辜。」

「沒錯！愛裝一副無辜的模樣。但感覺粉圓也沒在怕我，不過！總覺得牠聽得懂我在跟牠說什麼。」

「牠只怕，妳不理牠，妳在唸，牠就裝沒聽到就好。粉圓的反應令我捧腹大笑，牠真的很皮，反應很快。」

粉圓又轉換另外一個話題：「媽媽和阿嬤是一國的，都對別人很溫柔，但對我卻很兇講話又很大聲。」後面又補一句：「不要跟媽媽說，若媽媽對我溫柔我會怕，不要好了！」

同學：「粉圓真的好有趣。」

「粉圓的口吻，很像我們家小孩會講的話，我是有多兇？我覺得還好吧！我覺得粉圓誇大其辭，我只是嗓門比較大。」我話鋒一轉提問：「粉圓知道小粉在哪嗎？粉圓有看到小粉嗎？」

「有啊！小粉希望妳不要一直思念牠，有粉圓在，不好嗎？小粉看到妳開始要幫助很多寶貝。牠很開心，牠的任務也結束了，小粉該交代的都交代了。」

「對耶！粉圓曾經說過：『現在有粉圓，就不要想小粉』。」接著我又提問：「粉圓最近在吃素，吃的如何？」

「我想吃肉，但只能吃素，有東西吃，總比沒東西吃好。」

「粉圓上次吃菜，還吃到生氣，對菜發出低吼的聲音，更令我拍案叫絕的是，粉圓還是硬生生把菜吞下去。」

「媽媽妳讓我吃肉好嗎？妳當作我在吃素啊！」粉圓又開始一臉無辜樣。

「粉圓好賊喔！」

「粉圓吃肉條時會想很久。有次粉圓忍不住張開嘴巴，要把肉條咬進嘴巴，準備要享用時，阿嬤當場出聲喝斥：『肉條吐出來！』粉圓掙扎了一下，開啟生存模式，把肉條吐出來。不過，我於心不忍，私底下還是餵牠吃肉條。」

「當然要想很久啊！不然我把肉吃下去，連素都沒得吃怎麼辦？」我聽到這一段話，不禁令我捧腹大笑，這段話也太經典了，粉圓的腦袋也太靈活了吧！

「我總感覺粉圓不喜歡跟我聊天。」我疑惑的問。

粉圓再度炮轟：「跟妳聊天又不能抱怨妳，而且妳每次聊天都在問小粉，又不是真心想跟我聊天。妳只是想知道其他的事。別人跟我聊天，會以我為主，而不是一直問小粉東，小粉西，我比較愛跟別人聊天。」粉圓一針見血地點出我目前的心理狀態，我似乎也被牠點醒。

　　「總會好奇一下嘛！還有我缺乏感情上的交流，導致粉圓覺得我好像在質問些什麼？這點我仍待改進中。」

長大的粉圓長壯了，常常對著我傻笑。

　　「算了！不要再講小粉了，我答應過小粉，不要讓媽媽難過，這次就放過妳，哼！」聽到這句話，讓我鬆了一口氣。

　　「唉呀！粉圓！深藏不露！」

　　同學順著直覺說：「粉圓與小粉是有相同共識，似乎互相約定好什麼事情，而現在粉圓來到你身邊，自然有牠的道理在，這是一種難以言喻的感覺！所以粉圓有點壓抑自己的心情，但小粉會指引粉圓的，妳也放心吧！」

　　「很謝謝你們的出現。粉圓希望有另一個狗陪你嗎？」

　　「不要！我媽媽很兇，不要殘害其他狗，我來承擔一切。」我聽見這番話，內心吶喊著，粉圓也太幽默了吧，很像牠會說出來的話。

　　「粉圓也太誇大其詞！不過，牠這麼講也沒錯，因為這句話，小孩子也對我說過。全家四個小孩只怕我一人，我眼睛一瞄過去，他們立刻感受到不尋常的氣場而收斂。」

　　同學緩和氣氛說：「粉圓雖然不斷在抱怨，但是，從牠的語氣之中有感覺到牠很幸福，而粉圓的抱怨，感覺是一種『打情罵俏』的概念，而且聊天時，牠會一直笑！」

　　「粉圓的確是個愛笑的小孩，常常對著我傻笑。我想知道，牠是怎麼來到我們家的？」

　　同學：「很敏感的話題！連結中斷了。」

因為問到敏感的話題，就結束了這次的聊天。後來，我回想聊天的內容，其實在內容中，就已經告訴我答案了，粉圓的確是小粉的「接班狗」。

而我也檢討自己的個性，就如粉圓說的，彷彿在隱喻：「我人生活得太嚴肅，實事求是，太過於執著追求正確答案跟解決問題，卻忽略有時候直覺早已經告訴我答案，但我卻不停的追根究柢。因此，這一次的聊天內容，對我而言很珍貴。

我的理性腦袋不斷傳送著訊息告訴自己：我仍然期待著揭露「不能說的秘密」，心中期望有更多資料能佐證：粉圓就是小粉的「接班狗」。而在兩年後，我又遇到易經老師，我為了滿足自己的好奇心，便問易經老師：「小粉現在過得好嗎？粉圓是小粉指派來我身邊的嗎？」

「關於粉圓接班的問題，我無法給妳正面回覆，但你們三個靈魂是有淵源的，曾經是三兄弟。你雖然是大哥卻像爸爸一樣肩負起各種重責大任；小粉是二哥，聽話溫和、踏實的過生活；而粉圓是小弟，聰明奸詐、不務正業，常常被你兇狠訓話甚至被你抽打，只因恨鐵不成鋼。但在哥哥內心的感情面，其實渴望疼愛弟弟卻無從疼愛起，心中時常難過自責，無力教導弟弟。」易經老師娓娓道來關於我們之間的緣分。

「粉圓－動物溝通」 言語之間，透露出我們前世

上次與同學的「粉圓——動物溝通」的記錄內容中，其實粉圓在言語間，已經隱約呈現我們前世相處的軌跡，只是不同角色間的轉換。更令我震撼不已的是一段被封存的前世記憶，即將被開啟。前世未了的遺憾，在這一世將捲土重來。

不斷在強調「我很兇」

粉圓帶著我們是三兄弟的記憶，我曾經是大哥，小粉曾經是二哥，自己曾經是小弟，再次來到我的身邊。而在粉圓的靈魂記憶裡，對於「哥哥

的嚴厲」與「兇狠教訓」甚至是「抽打的事件」，深深烙印在靈魂的記憶裡。難怪！粉圓在上次的動物溝通中不斷在強調「我很兇」這件事情，說的好似我在虐待牠一樣，但牠的口氣卻像在揶揄我，不知情的人還以為「我很兇狠，還常虐待動物」一樣。

古訓：愛之深，則之切。

線索 CLUE ❷

吃素的事件，看出粉圓表面工夫十足

關於我讓粉圓吃素的事件，我硬要把我的想法灌在牠身上，殊不知，粉圓為了配合我、求生存，硬是把菜吞下去，卻又要耍小聰明說：「我在吃肉時，妳就當我在吃菜。」一切都在做表面，敷衍了事。記得上次美容師才對我說：「粉圓很會做表面，洗澡時超萌呆，妳一來接牠，一過妳的手，就立刻翻臉不認人狂吠。」

在前世，身為大哥的我，一樣是硬派個性，總不顧慮小弟的感受，一意孤行地要求小弟照我的安排去做。小弟為了不傷兄弟之情總是迎合我所安排的事。雖然表面迎合，但私底下卻偷雞摸狗不認真過生活，讓大哥氣急敗壞，狠訓小弟，而在這一世，粉圓的習性、特質依然存在。

當還原真相時，我思考著，為什麼粉圓會再次來到我身邊呢？ 🐕

線索 CLUE ❸

我總感覺粉圓不喜歡跟我聊天

我前世是嚴厲的哥哥，小弟對這份權威的恐懼與抗拒，即使跨越時空，依然留存到現在，所以粉圓很害怕與我對話。而在那輩子，小粉是二哥，我猜測著，我可能時常拿二哥與小弟比較。所以粉圓幾乎不提到關於小粉的事，因那道比較的傷痕，烙進在粉圓的潛意識裡形成莫名的抗拒。

一份破碎不堪的感情，再也無法在今世修復，願來世一切重來。 🐕

粉圓不怕我，只怕我不理牠；我在唸牠時，牠也裝做沒聽到

對應到前世，弟弟不希望兄弟之情決裂，所以得過且過，個性上反應機敏，總能應付我的死腦筋。而當投胎轉世時，靈魂總會帶著一些獨特的習性投胎。換句話說，你今世獨特的個性，是累世遺留下來的。

「粉圓前世內顯奸詐；今世外顯奸笑。」就如易經老師告訴我的：「粉圓聰明奸詐」粉圓愛奸笑的特質，經常逗著我們全家哈哈大笑。

今世我們以不同的形式再相遇。

今世的粉圓聰明機敏 VS. 前世的粉圓是弟弟聰明奸詐

今世的我嚴肅無趣 VS. 前世的我是哥哥嚴厲管教

烙印在靈魂的生命印記，帶著印記轉生到你身邊。　🐕

源自一份「疼愛的感情」

隨著時空的轉移，哥哥對弟弟那一份「疼愛的感情」依然存在。但彼此看問題都過於表面，從來未深入瞭解對方，然而在這一世，我與粉圓卻能直接聽到雙方內心最真實的聲音，像彼此都有讀心術似的。

曾經，弟弟不符合哥哥的期望，讓哥哥失望痛心，導致無法真心疼愛弟弟。命運之輪的轉動，給我們彼此一次新的機會，修補感情的裂痕。而在今世，我終於可以好好的疼愛弟弟（粉圓），而弟弟（粉圓）也終於可以好好聽我的話，為我而活。雖然聽起來不合乎人性的自由，但因為一份兄弟之情，轉化成另一種方式來圓滿曾經的遺憾。

你心中有遺憾嗎？鼓起勇氣，今世完成，不等來世。　🐕

我想知道粉圓是如何來到我們家時，卻立即斷線

「粉圓是怎麼來到我們家的，卻立即斷線。」這是前世與今世，貫穿所有故事的關鍵點，而粉圓選擇不說，選擇讓我在生活中去察覺答案。許多事情說破了，會錯失過程中要帶來的智慧。越未知的答案，越琢磨不透，這會吸引著我們天生的好奇心，會越想挖掘真相，而這過程中所充滿的驚奇感、興奮感是妙不可言。

我小時候對許多事情，包含玩耍一律不感興趣，從未參加過戶外教學或是畢業旅行，後來慢慢走入身心靈領域後，才願意去參加不同活動，目的就只是尋找一個心中想驗證的答案而已。我每天都處在驚喜中，不管是好的驚喜或壞的驚喜，都不間斷地在發生，也讓生活更精彩可期。將一段段的故事串在一起，激盪出一場精采絕倫真相，就像是一場尋寶遊戲，尋到寶藏的概念。人生充滿著無限樂趣，因為永遠不知道在哪一刻會收到驚喜，就像我無意間知道了，我們是三兄弟的前世。

動物溝通成為我進入靈性大門最佳入口

在「現實生活」有可能是庸庸碌碌不知為何而忙，不知為何而活；而「靈性生活」是內在精神世界，帶領我探索自己，甚至能撫平自己傷痛及療癒。然而，這兩者卻是密不可分，須一體運行，我們必須去整合「現實」與「靈性」才能完整。在我的動物溝通裡，即是把這兩個層面整合起來，才會發現自己有更多不同的面貌可以展現，更能成為自己的人生嚮導。

動物溝通是連結到高層次的潛意識裡，所以能輕易發現自己潛意識的資料庫。而內在的精神世界是無比寬闊，因我們的「潛意識」資訊十分龐大，當我每次無意中發現潛意識裡的資料庫，且在每一個訊息中看到線索，並找出可以佐證的答案時，我的情緒從一開始剛發現時，內心的驚呼連連，到逐漸轉化成平常心看待；但若有更厲害的發現，我的情緒勢必會再次狂喜不已。而今世，我將帶著這些答案覺察自我，並更看懂自己生命的運作方式。

如此一來，生命的歷練也會越來越豐富，看待人生的所有事情時，角度會更加寬廣，不再拘泥於芝麻小事，這會有一種前所未有的人生輕鬆感。這也是「現實」與「靈性」整合的呈現之一，我自從踏入身心靈的領域，生活反而變得更加踏實，更能去融入人群中；更能去與人接觸溝通，很難想像在這之前，我其實是把自己孤立起來的。

> 人生如一場美麗激盪的火花。
> 我喜歡獨處，孤獨裡蘊含著燦爛的花火，在綻放精彩著。🐕

活在當下，是未來的啟發

唯有意識到魔鬼藏在細節裡，生命才會有所啟發，然而這一件一件的事件全部都有相關聯性，並牽扯出一連串的前世今生。每一個故事的細節，大部分是平淡無奇，但拼湊在一起就會像是一張藏寶圖，許多線索、關鍵點，都藏在不起眼的細節裡。

人生不會如神跡般的大轉變，而是透過自己創造，並一點一滴累積出的奇蹟，最終成為一張人生的冒險地圖，活出最高版本的自己，完成今生今世的使命。

天地之間，冥冥之中早有安排，早已在人生的冒險地圖上；在自己的每一站冒險定點，早已布局完成，已天時地利人和，就等待著所有的角色入場。而當你進入此局，是會被擺弄於迷局當中，而感到迷茫，並選擇坐以待斃？或是見招拆招，去陪著自己闖關，並創造出最高版本的自己？

如果你有辦法見招拆招並順利走出此局，後頭還會有大魔考「局中局」，等著你破局。最終，你將會笑看人生風雲變化，一切將會釋然，已經沒有什麼事情可以輕易撼動你，且在未來，你將會用處之泰然的態度，陪著自己度過每個難關。

人的一生中經歷的各種事件，我們「看似偶然」的，但是事情的真相是，我們早已走入當局，一切的發生「是必然的」。而這些看似不期而遇的人生局面，更讓我們瞭解到每個生命的可貴之處。前世今生，讓我們更看懂生命的來龍去脈，不論你是否相信輪迴，活在當下，並感受生命的滋味，才是最重要的。

動物溝通「極靜生慧」，讓我再次不得臣服天地之間的運行，奇蹟，藏在在日常生活裡。

曾經有一位動物溝通的學生，在上課前一週連續吃素七天，對動物溝通的課程期望很高。在課程中對每一件事情，都有自己獨到的見解，這是一件好事。但從另一個角度來看，動物溝通並不適合太多的分析，如果不停止這動作，腦袋會更雜亂，無法接收到動物的訊息。

我不斷在提醒這位學生，但這是一種不自覺的慣性思維模式，很難在片刻間改變。我告訴學生：「你放輕鬆，不要給自己太大精神壓力，我會讓你自然而然學會。其實你收訊息的能力很強，只是你忘了怎麼去運用，而動物溝通讓你會重拾這項天賦能力。」而在課程的前半段，這位學生進度稍微落後，他便開始懷疑自己真的學得會嗎？

後來我分享自己的經驗：「我以前遇到的狀況與你相似，總是以理性腦在分析提問，所以你在課堂上問的問題，我以前在學習期間也問過，我才有辦法回答你，也能理解你的心理狀態。但越是這樣，你越難拋下自我見解，也就越無法與你的潛意識做連結，「奇蹟」或許會出現在後頭，千萬不要垂頭喪氣與他人做比較。」

同時我也想著如何讓這位學生學會？而在剎那間靈感乍現，對！借助動物導師，因當我們手在撫摸動物時，內心會瞬間靜下來並轉換心境。所以我請動物導師給學生強而有力的訊息，讓學生接收到並說出正確答案，這將會讓他產生源源不絕的自信。因動物導師的出現，讓即將結束的課程，出現大逆轉的情況，這位學生以黑馬姿態超前，收到的訊息又快又準，班上其他學生驚呼這奇蹟般的變化。

後來，這位學生的朋友與我分享：「自從他學了動物溝通後，個性轉變了許多，變得更好，這到底是什麼力量在影響著他？」我笑答：「動物溝通不只是動物溝通，它是一種更強大的潛能開發，進入我們高層潛意識與自己深層連結，此時許多問題也能迎刃而解；而許多我們看似是超能力，但其實早已內建在我們身體裡了！」也因為學會動物溝通，無意間開啟我許多意想不到的天賦能力！

奇蹟，我們總覺得摸不著邊，但奇蹟時常像流星般在我們的生活中快速劃過，只是你捕捉到了嗎？如果你夠敏銳捕捉到，這將會引領你往創造奇蹟的路上邁進。

遇見你的那一刻後

你真的快樂嗎？

還是每天掩飾自己的悲傷對每個人微笑呢？

在每一件事情裡 用心去感受生命的脈動

今後在每一件事情裡 勇敢地抓住能讓靈魂成長的機會

毛小孩的陪伴是一種微妙的 「寂靜之聲」

聆聽它 在於心靈深處彼此交流的語言 勝過於千言萬語

後記 Postscript

　　我在此致謝於——寧靜森林工作坊的寶咖咖老師，因老師一句話而開啟我的出書之路，不然我應該永遠還處於計畫之中吧！再次深深致謝——寶咖咖老師

　　感謝我的家人，若沒有哥哥撿回小粉，就沒有機會與小粉牽起緣分，造就之後我踏入動物溝通領域的契機。

　　感謝每個個案來到我身邊，讓我有機會不斷學習成長，有幸記錄每個生命感動的故事。

感謝書中每一篇個案的飼主：
　　願意珍惜彼此相遇的緣分，珍惜共處的時光，彙整動物溝通後的感想與生活變化，並大方的提供與毛小孩的合照，把這份愛分享給各位讀者，並證實了人類與毛小孩之間難以解釋的緣分。

感謝上天賦予我「動物溝通」的能力：
　　讓我可以探究人們與毛小孩間彼此交織的生命，並進入靈魂深處建立起信任的橋梁，連結彼此的愛，讓兩顆心有最近的距離，並更加的尊重與珍惜彼此。

感謝自己願意敞開心胸學習：
　　讓我明白自己生命的成長主題，走入靈魂深處與自己建立連結，敞開心胸接納各種人事物。

感謝在我生命中出現過的每一個人、事、物：
　　生命中的不凡，來自於平淡生活中所創造的精彩細節，使我不斷的學習與自我反觀、探索生命，能將所學的落實在生活各個層面，而這是一條學無止盡的道路，不斷自我精進。

　　祝福天下所有的人們與毛小孩，每一次穿越的相遇是為了相惜。
　　相信彼此的靈魂是為愛而來，用心去感受雙方所交換的訊息。

生命的禮物

毛小孩是上帝給我們最美的禮物

透過彼此生命的交織 賦予更深遠的意義

在溝通每一個當下都是新發現

讓每個平凡的心情故事

能擁有不凡的改變契機

毛孩的鮮食小食堂：我與毛孩的餐桌鮮食料理

ISBN	978-986-5510-53-4		
作 者	黃英哲，王谷瑋	定 價	398 元

動物消化系統、六大營養素等必知 Know-How 全揭密，依照犬貓所須營養設計出沙拉、主食、湯等各式不同的料理，讓犬貓能餐餐營養，餐餐吃的健康。

當愛來臨時：我與我的貓老師

ISBN	978-986-5510-06-0		
作 者	蘿莉·摩爾	定 價	360 元

一位信任神聖大地的動物溝通師、一隻充滿靈性的貓咪，彼此惺惺相惜，即使跨越生死也心靈相繫，成就一段與動物同伴相約再見的動人故事。

和日本文豪一起愛狗：人狗之間的溫暖時光

ISBN	978-957-858-772-4		
作 者	太宰治，宮本百合子，林芙美子，島崎藤村，夢野久作，芥川龍之介，佐藤春夫，正岡子規，宮原晃一郎，小川未明，豐島與志雄	定 價	260 元

比起其他動物，狗與人類的生活似乎更為貼近，一般人常視狗為人類忠心的朋友，有些人對待狗的情誼也如同家人。本書收錄十三篇日本近代文豪們用文字保留與狗兒們的日常點滴，以各種角度勾勒出狗與人類的關係。

認識動物溝通的第一本書：在那些愛與療癒的背後

ISBN	978-986-5510-75-6		
作 者	Yvonne Lin	定 價	300 元

本書以動物溝通師的角度出發，分享溝通現場的第一手消息，完整轉述動物的思考模式以及回應，讓動物溝通的對話內容更全面、更完整，也讓你更懂動物的心。

動物溝通師
Animal Whisperer

書　　　名	動物溝通師： 傳達靈魂深處的愛，你好不好
作　　　者	藍鷹
主　　　編	莊旻嬑
美　　　編	譽緻國際美學企業社
封面繪圖 及　製　字	大墩陽光
封面設計	譽緻國際美學企業社・羅光宇
插圖繪製 及　編　排	寶總監
發　行　人	程顯灝
總　編　輯	盧美娜
發　行　部	侯莉莉
財　務　部	許麗娟
印　　　務	許丁財
法律顧問	樸泰國際法律事務所許家華律師
藝文空間	三友藝文複合空間
地　　　址	106台北市安和路2段213號9樓
電　　　話	（02）2377-1163
出　版　者	四塊玉文創有限公司
總　代　理	三友圖書有限公司
地　　　址	106台北市安和路2段213號9樓
電　　　話	（02）2377-4155、（02）2377-1163
傳　　　真	（02）2377-4355、（02）2377-1213
E - m a i l	service @sanyau.com.tw
郵政劃撥	05844889 三友圖書有限公司

總　經　銷	大和書報圖書股份有限公司
地　　　址	新北市新莊區五工五路2號
電　　　話	（02）8990-2588
傳　　　真	（02）2299-7900
初　　　版	2022年05月
定　　　價	新臺幣380元
I S B N	978-626-7096-08-6（平裝）

國家圖書館出版品預行編目（CIP）資料

動物溝通師：傳達靈魂深處的愛，你好不好 / 藍
鷹作. -- 初版. -- 臺北市：四塊玉文創有限公司,
2022.05
　　面；　公分
　　ISBN 978-626-7096-08-6（平裝）

1.CST：動物心理學

383.7　　　　　　　　　　　111004708

三友官網　　三友Line@

五味八珍的餐桌
品牌故事

60年前，傅培梅老師在電視上，示範著一道道的美食，引領著全台的家庭主婦們，第二天就能在自己家的餐桌上，端出能滿足全家人味蕾的一餐，可以說是那個時代，很多人對「家」的記憶，對自己「母親味道」的記憶。

程安琪老師，傳承了母親對烹飪教學的熱忱，年近 70 的她，仍然為滿足學生們對照顧家人胃口與讓小孩吃得好的心願，幾乎每天都忙於教學，跟大家分享她的烹飪心得與技巧。

安琪老師認為：烹飪技巧與味道，在烹飪上同樣重要，加上現代人生活忙碌，能花在廚房裡的時間不是很穩定與充分，為了能幫助每個人，都能在短時間端出同時具備美味與健康的食物，從 2020 年起，安琪老師開始投入研發冷凍食品。

也由於現在冷凍科技的發達，能將食物的營養、口感完全保存起來，而且在不用添加任何化學元素情況下，即可將食物保存長達一年，都不會有任何質變，「急速冷凍」可以說是最理想的食物保存方式。

在歷經兩年的時間裡，我們陸續推出了可以用來做菜，也可以簡單拌麵的「鮮拌醬料包」、同時也推出幾種「成菜」，解凍後簡單加熱就可以上桌食用。

我們也嘗試挑選一些熟悉的老店，跟老闆溝通理念，並跟他們一起將一些有特色的菜，製成冷凍食品，方便大家在家裡即可吃到「名店名菜」。

傳遞美味、選材惟好、注重健康，是我們進入食品產業的初心，也是我們的信念。

冷凍醬料做美食

程安琪老師研發的冷凍調理包，讓您在家也能輕鬆做出營養美味的料理。

冷凍醬料的 5 大優點

省調味 × 超方便 × 輕鬆煮 × 多樣化 × 營養好

選用國產天麴豬，符合潔淨標章認證要求，我們在材料和製程方面皆嚴格把關，保證提供令大眾安心的食品。

三友官網

五味八珍的餐桌官網

五味八珍的餐桌 FB

程安琪鮮拌味 FB

程安琪入廚40 年 FB

五味八珍的餐桌 LINE @

聯繫客服 電話：02-23771163 傳真：02-23771213

程安琪

冷凍醬料調理包

香菇蕃茄紹子

歷經數小時小火慢熬蕃茄，搭配香菇、洋蔥、豬絞肉，最後拌炒獨家私房蘿蔔乾，堆疊出層層的香氣，讓每一口都衝擊著味蕾。

雪菜肉末

台菜不能少的雪裡紅拌炒豬絞肉，全雞熬煮的雞湯是精華更是秘訣所在，經典又道地的清爽口感，叫人嘗過後欲罷不能。

麻辣紹子

麻與辣的結合，香辣過癮又銷魂，採用頂級大紅袍花椒，搭配多種獨家秘製辣椒配方，雙重美味，一次滿足。

北方炸醬

堅持傳承好味道，鹹甜濃郁的醬香，口口紮實、色澤鮮亮、香氣十足，多種料理皆可加入拌炒，迴盪在舌尖上的味蕾，留香久久。

冷凍家常菜

一品金華雞湯

使用金華火腿（台灣）、豬骨、雞骨熬煮八小時打底的豐富膠質湯頭，再用豬腳、土雞燜燉 2 小時，並加入干貝提升料理的鮮甜與層次。

靠福‧烤麩

一道素食者可食的家常菜，木耳號稱血管清道夫，花菇為菌中之王，綠竹筍含有豐富的纖維質。此菜為一道冷菜，亦可微溫食用。

3 種快速解凍法

想吃熱騰騰的餐點，就是這麼簡單

1. 回鍋解凍法
將醬料倒入鍋中，用小火加熱至香氣溢出即可。

2. 熱水加熱法
將冷凍調理包放入熱水中，約 2～3 分鐘即可解凍。

3. 常溫解凍法
將冷凍調理包放入常溫水中，約 5～6 分鐘即可解凍。

私房菜

純手工製作，交期較久，如有需要請聯繫客服

02-23771163

紅燒獅子頭

程家大肉

頂級干貝 XO